中国的世界文化与自然遗产

日知图书⊙

U0380871

北方妇女儿童出版社

·长春·

前言

　　你看，那远处伫立的山峦，烽火之下曾有人万里跋涉；那静静流淌的小河，铭记着多少峥嵘岁月的故事。

　　九州辽阔，山河锦绣，先辈们曾生死守护的这片巍峨大地，如今山河无恙，盛世鼎立。

　　生吾炎黄，育我华夏，少年们啊，待我们成人之时，请如先辈一般守护这里，以吾少年意气，许国万里恒昌！

　　当成群的白鸽从故宫的红墙金瓦上飞过，当平遥古镇的青石板路倒映着晨光，当蜿蜒的长城隐没在云端，当可可西里的旷野上群马奔腾扬起黄沙。任何华丽的辞藻在泱泱中华的美景和底蕴面前都黯然失色。

　　少年们，我们何其有幸能生于中华。一笔一画，让我们用青春谱写祖国；一步一景，让我们用脚步丈量祖国。

　　美哉我神州大地，与天不老；壮哉我中国少年，与国无疆！

目录

远古遗址

关于"北京人"你了解多少❓

名字由来
加拿大人步达生将其命名为"中国猿人北京种"，简称"北京人"。

生活年代
"北京人"生活在至今 70 万 ~ 20 万年的时代。

语言
"北京人"通过呼唤和手势来交流。

住所
洞穴是"北京人"的家。

生活技能
"北京人"能够使用火并保存火种。会使用石头、兽骨、鹿角等器具。

饮食习惯
"北京人"既吃肉也吃植物，鹿肉是其主要肉食。

探秘 人类进化

周口店"北京人"遗址位于北京市房山区，1987 年被列入世界文化遗产名录。

我的祖先是谁呢？到底是先有鸡，还是先有蛋呢？

自古以来，人类就对自身起源的问题非常感兴趣，中国有"女娲造人"的神话传说，外国有"亚当夏娃"的宗教神话，这种"神"造人的传说在民间流传甚广。但也有一些人不相信这种说法，他们认为人是从别的物种演化而来的，2500多年前，古希腊一位叫阿那克西曼德的哲学家认为人是从鱼演变来的；两千多年前，我国的哲学家庄周说："青宁生程，程生马，马生人"，认为人是由马变来的。虽然这些观点有些荒唐，却说明了他们认可生物可变的观点。

1871 年，科学家达尔文通过潜心研究人类起源问题，提出了"人猿同祖"论，认为人类是古猿演化而来的。1921 年周口店"北京人"遗址的发现有力地证实了这一理论。

北京人头骨（模型）

惊人的发现

1929年12月2日，暮色将至，在北京周口店龙骨山上，考古学家裴文中仍和团队在晦暗的山洞中孜孜不倦地进行考古发掘。随着一声丁当的锤声，北京猿人第一个完整的头盖骨化石呈现在眼前，众人疲惫的脸上瞬间露出了惊喜。这次发现很快传遍世界，这是古人类学研究史上划时代的事件，它的出现结束了爪哇猿人是人还是猿的旷日持久的争论，确立了人类进化过程中猿人阶段的存在，科学论证了达尔文的"进化论"，并为彻底否定几千年来占统治地位的"神创论"学说提供了重要的直接证据，对早期人类历史的研究具有重大意义。

考古人员在现场发掘

永垂不朽的科学家

周口店"北京人"遗址的发现，历来被称为是"古人类全部历史中最有意义、最动人的发现"，是20世纪古人类学界最重要的事件之一。它的发现和后续研究离不开中外几十位科学家夜以继日的努力，尤其是为周口店发掘做出杰出贡献的中国科学家。中国自然历史博物馆的拓荒人杨钟健、发现第一个"北京人"头盖骨的裴文中、发现"北京人"头盖骨最多的科学家贾兰坡……他们将毕生精力奉献给中国的考古事业，不畏艰辛、废寝忘食，最终那闪烁着光芒的研究成果照亮了人类文明的进程。

古猿
→ 能直立行走，行动敏捷。

能人
↓ 与直立人相比，体态和脑容量更为原始。

直立人
↓ 能够制造和使用石器，会用火，懂得狩猎以及语言交流，"北京人""爪哇人"都属于直立人。

智人
↓ 完全直立行走，有发达的大脑，身体毛发稀少。

百科速览
人类的进化

巍峨中华第一城

良渚古城遗址位于浙江省杭州市，至今约 5300 ~ 4300 年，2019 年被列入世界文化遗产名录。

你知道吗？

神奇的北纬 30°

北纬 30°，是地球上一个神奇的地带，这里孕育了古埃及文明、苏美尔文明、哈拉帕文明，还有位于世界东方历史悠久的良渚文明。

世界遗产我知道

国际古迹遗址日是为保护世界文化遗产多样性而设立的。1965 年，国际古迹遗址理事会（ICOMOS）在波兰成立，由各国文化遗产专业人士组成。1983 年联合国教科文组织通过了 ICOMOS 提出的将每年 4 月 18 日设为国际古迹遗址日的提案。

来到良渚遗址公园，仿佛置身于五千多年前的古城之中。

我们常说中华上下五千年，而实证中华五千年文明的是良渚古城遗址的伟大发现。

2007 年，尘封千年的良渚古城重见天日，确立了良渚文明的存在。良渚文明所处的年代是中国乃至世界文明诞生及发展的重要时期，它的发现，为中华文明的起源提供了十分重要的材料。

中国最早的国都

良渚古城被称为"中华第一城"，它不仅是同时期规模最大的城市，也表明了良渚是作为一个国家而存在的。良渚古城遗址由内而外具有宫城、内城、外郭的完整结构，是中国古代都城三重结构的起源。古城的规划设计、巨大的工程量以及出土的大量精美玉器、丝绸、陶器等表明了良渚的社会分工十分发达，这意味着良渚有一定的人口规模和完备的权力机构，证明良渚是具有国家性质的。

改写中国水利史

良渚古城外围存在一个由 11 条堤坝连接山体构成的庞大水利系统，工程之浩大、技艺之高超，令世人赞叹。它的发现将中国水利史的开端由"大禹治水"提前到了"良渚文明"。有意思的是良渚大坝不仅是一个水利工程，还发挥着方便生活和交通的作用，大坝上面可以住人，而且还有方便人们通行的渠道，可以说是一举多得。

良渚文明的玉器

玉器是中华文明的重要载体，中国的玉器制作历史非常悠久。良渚时期的玉器种类丰富、数量巨大且做工精美。"内圆外方"的玉琮是其代表性的器物，上面刻有神人兽面纹，这是良渚先民共同信奉的地位最高乃至唯一的神祇，标志着当时社会有着高度一致的精神信仰。

先民视玉为与上天沟通的媒介。到了西周时期，玉是"礼"的重要载体。

良渚文化玉琮王

良渚古城不仅是中华民族的文化瑰宝，也是全人类共同的文化遗产，传承和保护这片遗址是我们的责任。今天，漫步在宏大古老的良渚遗址中，我们能真切感受到良渚文明穿越时空的精神力量，正是这种力量，使中华文明不断从多元走向一体，延续五千年而不衰。

良渚古城遗址风光

甲骨文里看殷商

殷墟位于河南省安阳市，是中国商代后期的都城遗址，至今已有三千多年历史，2006 年被列入世界文化遗产名录。

殷墟位于洹水河畔，是中国历史上第一个有文献可考，并被甲骨文和考古发掘所证实的古代都城遗址。它的发现证实商代历史的存在，将中国历史向前推进了一千多年。

一片甲骨惊天下

关于殷墟的发现有一个流传甚广的故事：1899 年的秋天，清代学者王懿荣偶然患病，在医生开的处方中有一味名叫"龙骨"的药材。药买来后，他看到龙骨上面刻着无法识别的文字，这一发现使他大为惊讶，从此引发了甲骨文研究和收藏的热潮。1908 年学者罗振玉查明甲骨文出自安阳洹河岸边，首次确认了殷墟的真实位置。

对殷墟的考古发掘最早始于 1928 年，经过数十年的努力判明了殷墟都城的整体结构。殷墟的宫殿区位于洹河南岸，周围坐落着平民居住区和手工作坊，形成"一大带小"的聚落结构，王室、贵族的墓葬则集中在洹河北岸。整座殷都规模宏大，布局严整，再现了千年前辉煌的殷商王朝。

在殷墟，即便是泥土都有考古研究价值！

殷墟发掘的宗庙祭祀坑

你知道吗？

商王迁都

商代前期曾因水患和外部侵扰等原因多次迁都，直到商王盘庚将都城迁到殷地后，四处游移不定的都城从此有了定所，所以商代又称"殷"或"殷商"。

辉煌的青铜时代

殷墟总面积约 30 平方千米，从 1928 年至今，这里出土了大量精美的文物，青铜器、陶器、玉器……各种器物数不胜数，美不胜收，为我们展示了中国历史上青铜时代鼎盛时期的辉煌成就。

甲骨文里有什么?

　　殷墟迄今出土了约 15 万片甲骨,发现单字约 4000 字。以甲骨文为基础的汉字至今仍为中华儿女使用,是中华文明生生不息传承至今的重要载体。

"宰丰"雕花骨柶

　　这是一件非常特殊的甲骨。正面残存的 28 个字属于"记事性刻辞",记述了商王在麦麓打猎时捕获一头犀牛的事迹。

卜骨

　　它的正反面都刻有卜辞,其内容是商王武丁多次占卜是否会有灾祸。

妇好鸮尊

后母戊鼎

　　重达 832.84 千克的青铜礼器后母戊鼎,享誉世界;做工精巧、精美绝伦的妇好青铜鸮尊,驰名中外;结构奇巧、栩栩如生的玉鸟、玉鹿,以及不胜枚举的甲骨文片……千年时光流转,盛世早已不在,但走进殷墟这座博物馆,一件件历史悠久的文物,仿佛再现了当时的辉煌。

你知道吗?

妇好是谁

　　妇好是商王武丁的妻子,她不仅是母仪天下的王后,也是一位女将军,曾率军征讨多个部族并大获全胜。妇好青铜鸮尊就是在妇好的墓中发现的。武丁是一名贤明的君主,他在位长达 59 年,带领商代走向富强,史称"武丁中兴"。妇好和武丁感情很好,妇好鸮尊可能是武丁送给妇好的礼物。

左江花山岩画文化景观位于广西壮族自治区崇左市，2016 年被列入世界文化遗产名录。

是谁在这么高的地方画画呢？

两千年前的壮家绝唱

左江又叫"平而河""斤南水"，河流长度 500 多千米，流域面积超过 32000 平方千米。在左江流过的地方，人们共发现岩画地点 70 余处，绵延 200 多千米，其中花山一处的岩画规模最大。

刻在崖壁上的史书

在壮语中，花山名为"岜来"，意思是"有画的石山"。

这些岩画由壮族先民骆越人创作，风格古朴，粗犷有力，只刻画对象的外部轮廓，而没有五官等具体的细节描绘。用到的颜料也是纯天然的赭红色赤铁矿粉，仅仅用动物脂肪做了稀释。

花山岩画现存图像 1900 多个，描绘对象有人物、动物和器物三类，其中人物图像最多，主要表现当时的祭祀活动等。

这些密密麻麻的人像造型分正身和侧身两种，正身的人像身形高大，腰间佩戴有长刀或者长剑；侧身人像数量多，但身形较小，看起来就像在跳跃。

从战国时期到现在，这些岩画已经走过了两千多年的岁月，由于长期暴露，许多画像的颜色逐渐模糊不清，有些画壁甚至已崩落。

化石密语

澄江化石遗址位于云南省玉溪市澄江市，2012 年被列入世界自然遗产名录。

澄江化石地是中国首个、亚洲唯一的化石类世界遗产，是保存澄江生物群化石的核心区域，被国际科学界誉为"古生物圣地""世界级的化石宝库"。今天，走进澄江化石地世界自然遗产博物馆，看着 5.3 亿年前的生物形成的化石仍形象地展示在眼前，人们不禁感叹生命的奇妙。

追溯生命的源头

澄江生物化石群至今已发现了 16 个门、200 余种寒武纪珍稀物种，几乎所有现生动物门类的祖先都能在这里找到。澄江化石代表了寒武纪大爆发时期生物多样化的重要化石记录，展现了 5.3 亿年前的海洋生命形态和生物面貌，是早期复杂海洋生命系统的化石例证。在澄江发现的"昆明鱼"化石是迄今为止发现的最古老的脊椎动物化石，为人们研究鱼类提供了重要理论依据，被古生物界誉为"天下第一鱼"。

博物馆中展出的古生物化石

三个重大生命演化事件

生命起源

至今 38 亿～ 35 亿年前，地球上出现了细菌和蓝藻等原核生物。

寒武纪大爆发

至今 5.4 亿～ 5 亿年间，地球海洋生命系统突然出现了门类众多的后生动物。

二叠纪末大灭绝

至今约 2.25 亿年，是迄今所知地球上发生的一次全球性生物灭绝事件。

皇家建筑

对话故宫

北京故宫和沈阳故宫都是**明清皇宫**。1987 年，北京故宫被列入世界文化遗产名录；2004 年，沈阳故宫也被列入世界文化遗产名录。

北京故宫是中国宫城发展史上的最高典范，是中国现存规模最大、保存最完整的古代宫殿建筑群，占地面积约为 72 万多平方米，有房屋 9000 多间。

雄伟的三大殿

外朝是行政区，颁布大政、举行集会和仪式等都在这里进行，主要由太和殿、中和殿、保和殿以及两侧的文华殿、武英殿组成。

太和殿

太和殿俗称"金銮殿"，屋顶为重檐庑殿顶，檐脊角兽有 10 个，最前面是骑凤仙人，之后依次为龙、凤、狮子、天马、海马、狻猊、狎鱼、獬豸、斗牛、行什。殿内正中是楠木金漆的金銮宝座。宝座上方为漆金蟠龙藻井，中间倒垂着一个圆球状的轩辕宝镜。

中和殿位于太和殿、保和殿之间。明清两代，太和殿举行各种大典前，皇帝先在中和殿小憩，并接受执事官员的朝拜。

保和殿位于三大殿末位。保和殿于明清两代用途不同，明代大典前皇帝常在此更衣。清代殿试自乾隆年开始在此举行。

九梁十八柱七十二条脊

北京故宫城墙高 10 米，南北长 961 米，东西宽 753 米。城墙四角各建有一角楼，每个角楼都是四面凸字形平面组合而成的多角建筑，屋顶为纵横交叉的十字歇山顶，交叉中心为铜鎏金宝顶。角楼结构十分复杂，有"九梁十八柱七十二脊"之说，集精巧秀丽与富丽堂皇于一体，是北京故宫建筑中的杰作。

北京故宫采用严格对称的院落式布局，从午门向北到太和殿、乾清宫，再到神武门，无形中打造了一条中轴线，而中轴线两边的建筑物左右对称，等级森严。

故宫角楼

北京故宫又叫作"紫禁城"。"紫"指的是天空中的紫微垣，相传这是天帝的居所；"禁"是说古代时的皇宫是禁地，普通老百姓禁止进入。

北京故宫

盛京宫阙，红墙绿瓦

沈阳故宫以崇政殿为核心，以大清门到清宁宫为中轴线，分为东路、中路、西路三个部分。

沈阳故宫早期建筑的风格浑朴粗犷，除大政殿外，大清门、崇政殿、清宁宫等建筑均使用硬山顶，主次建筑之间的等级差别不大。沈阳故宫中的建筑色彩凝重强烈，屋顶多用剪边琉璃和花脊花兽，山墙墀头也使用彩色琉璃。建筑布局和细节装饰风格有民族特色和地方特色。沈阳故宫中的建筑体现了汉族、满族、藏族的文化交流和融合。

崇政殿

沈阳故宫是清代努尔哈赤和皇太极的宫殿。清入关定都北京后，这里就成了留都宫殿。沈阳故宫占地面积约 6 万平方米，有建筑 300 余间。和北京故宫一样，沈阳故宫也有一条中轴线。

沈阳故宫

妈妈，沈阳故宫好大啊！

是啊，不过北京故宫的占地面积是沈阳故宫的 12 倍呢！

13

骊山脚下沉睡的军团

秦始皇陵及兵马俑坑位于陕西省骊山北麓，是中国历史上第一位皇帝嬴政的陵寝。1987 年被列入世界文化遗产名录。

中国五千年文明史中，留下的帝王陵寝何止百千，而当中最著名的当推中国历史上第一位皇帝的陵寝——秦始皇陵。气势雄伟的巨大封土堆，震撼人心的地下军团，《史记》中记载的神秘地宫，横扫六国、一统天下的始皇帝所用的棺椁……这些都令后人产生无限遐想。

你知道吗?
兵马俑的颜色之谜

兵马俑原本是彩色的，由于地下环境及出土时环境的变化等因素，兵马俑身上的色彩消失，变成灰白色。

帝陵盛景

秦始皇，姓嬴名政。战国末年，他统率秦国百万雄兵一举荡平天下，建立起中国历史上第一个统一的封建王朝"秦"。秦始皇自比功高三皇五帝，选择了"始皇帝"的称号，且在即秦王位之初就开始为自己修建规模庞大的陵寝"骊山陵"，准备死后继续享受奢华的帝王生活。

秦始皇陵位于今陕西省临潼区骊山北麓，是中国历史上第一座规模庞大、设计完善的帝王陵寝。陵墓的建造历经 30 余年，征调 70 余万人修建，终于修成了这座空前绝后的秦始皇陵。秦始皇陵是包含有地上与地下建筑的巨大综合体，目前明确陵园面积约 212 万平方米，规模之大，是古今中外任何墓葬都无法相比的。

这些兵马俑刚做成的时候是彩色的！比现在看起来更壮观！

穿越千年的奇迹

如果说每一个博物馆都有动人的故事，那么关于秦始皇兵马俑博物馆的故事未免太多，因为它是号称"世界第八大奇迹"的秦始皇陵的陪葬坑。如果它一开始就是秘密而且隆重地存在的话，那么它的出土就显得过于随意——1974年，几个农民在抗旱打井时，意外地发现了这座奇迹宝地的源头。

考古学家按照发掘的时间，把兵马俑坑先后编成一、二、三号坑。三个坑呈"品"字形，总面积约为20780平方米，其中陶俑陶马近8000件。

一号坑是三个坑中面积最大的一个，面积为14260平方米，足足有两个足球场那么大。一号坑的军阵以步兵为主。

二号坑在一号坑的东北侧。平面呈曲尺形，面积约为6000平方米，二号坑由四个小的军阵构成，它们可以组成一支强大的军阵，也可以自成军阵，能守能攻，反应极快，灵活性极强。

三号坑在一号坑的西北边，它是三个坑中面积最小的一个，仅有520平方米，整体呈"凹"字形。从建筑布局来看，这里主要由车马房和南北厢房构成。

千俑千面

陶俑群塑造了各种各样的秦代将士形象，它们形体高大魁梧，很多将士手中还握着青铜兵器。跪射俑是出土时保存最完好的兵马俑之一。

秦始皇帝陵中发掘出两乘大型铜车马，按出土时的前后顺序编为一号车和二号车。

立射俑

骑兵俑

跪射俑

车士俑

中级军吏俑　　高级军吏俑

一号车称为"立车"，负责为秦始皇的车队开道。

二号车称为"安车"，在车厢里可以坐着、躺着。

熠熠生辉的雪域明珠

布达拉宫历史建筑群位于西藏自治区拉萨河谷中心的红山上。
1994 年被列入世界文化遗产名录。

你知道吗?

神秘地宫真的存在吗

传说布达拉宫有通往世外桃源的神秘地宫，引发众多人的向往。现代科技发现所谓地宫其实是地垄，布达拉宫地势北高南低，需要地垄使两边平齐，从而构成了复杂的地下环境。

布达拉宫建筑面积约 13 万平方米，高达 117 米，有房屋数千间，是西藏现存最大、最完整的宫堡式建筑群。它与冰雪为伴、与山峰为邻，矗立在高远辽阔的青藏高原，宛如一颗明珠点缀了这片苍茫大地，被赞誉为"世界屋脊上的明珠"。

远眺布达拉宫，红宫与白宫层次分明。

多年修建终成瑰宝

公元 7 世纪，吐蕃赞普松赞干布为迎娶唐代文成公主修建了布达拉宫（当时称红山宫）。整个宫堡规模相当宏大，外有三道城墙，内有千余座宫室，奇珍异宝更是数不胜数。

在漫长的历史长河中，布达拉宫经历了长期的扩建和修缮，最终形成了现在红宫居中、白宫横贯两翼的宏伟格局。

色彩艳丽的宫墙

布达拉宫的宫墙摸起来很有质感且色彩艳丽，这是以青藏高原特有的植物怪柳为材料做成的白玛草墙。怪柳具有耐寒、耐热、耐腐蚀等众多优点，将它的枝条去皮晒干，再用湿牛皮绳绑成手臂粗的小束，砌筑于墙的外侧，最后刷成红色，就形成了结实漂亮的白玛草墙。这种传统工艺的使用体现了西藏建筑的高超技艺。

红宫的白玛草墙

艺术宝库

布达拉，梵语意为"佛教圣地"。布达拉宫是藏传佛教的象征，这里有大量的佛教艺术品，包括佛像、佛经以及随处可见的精美壁画。在众多的壁画中有两幅藏戏壁画，其中一幅展现了藏戏《文成公主》的表演过程，场面热闹生动，画中演员栩栩如生，让人身临其境，壁画的内容反映和歌颂了汉族、藏族两族人民的真挚情谊。

置身于布达拉宫，如同走进了西藏千年历史画卷中，精美绝伦的藏族建筑，璀璨绚丽的艺术珍品，无时无刻不在彰显着这个地方的古老与辉煌。

布达拉宫内的精美佛像

大昭寺和罗布林卡

大昭寺是吐蕃王朝早期的佛寺，相传是由文成公主选址、尼泊尔尺尊公主主持修建，在寺庙中可以看到众多的佛像和各类艺术珍品以及描绘宗教和历史场景的壁画。

罗布林卡位于布达拉宫西侧，是中国古代藏式园林。在这里可以看到雪松、八仙花等许多珍稀植物。园中的湖心宫被认为是罗布林卡最美丽的景色之一。

湖心宫

大昭寺

百科速览 藏族文化剪影

藏戏

↓　流传于藏族地区的一种古老戏剧，被视为藏文化的"活化石"。是一种以唱为主的唱、舞、白、韵、技相结合的戏曲艺术，演员在表演时一般戴着面具。

晒佛节

↓　晒佛节是藏族同胞敬佛的日子，每年举行一次。每到晒佛节，山坡上展开宽达几十米的佛像，僧人在此举行盛大的念经活动，信徒从四面八方涌来朝拜，场面十分壮观。

藏族服饰

↓　通常有着宽袍长袖，非常保暖。当气温上升时，人们可以将衣袖脱下来散热。

帝王在这里长眠

明清皇家陵寝是中国明清时期皇帝规划营建的文物建筑，分布于辽宁省、河北省、湖北省、北京市、江苏省。分三批先后于 2000 年、2003 年、2004 年被列入世界文化遗产名录。

北京·明十三陵

明十三陵，位于北京市昌平区天寿山下，是自明代第三代皇帝朱棣起到最后一位皇帝崇祯止（除景帝外）共十三位皇帝的十三座陵墓。此外，陵区内还建有七座妃子陵墓和一座太监陪葬墓，以及为帝、后谒陵服务的各种设施场所，形成一组规模宏大、气势磅礴的陵寝建筑群。十三陵是世界上保存完整、埋葬皇帝最多的墓葬群，以其悠久的历史、雄伟的建筑、神奇的地下宫殿和优美的自然环境而闻名于世。

明清皇家陵寝建于 1368 ~ 1915 年，包括 2000 年列入世界遗产名录的明显陵、清东陵、清西陵，2003 年扩展列入的明孝陵、明十三陵，以及 2004 年扩展列入的位于辽宁沈阳的三陵（清永陵、清福陵、清昭陵）。这些陵寝建筑群与自然环境融合在一起，见证了 14 ~ 20 世纪中国历史上最后两个古代王朝的文化和历史，阐释了明清王朝持续 500 余年的世界观与权力观。

钟祥·明显陵

明显陵是深踞山坳之中、远在红尘之外的最具特色的帝王陵寝，它因著名的历史大事件——"大礼议"而备受关注，同时又以其"天造地设"的规制格局和巧夺天工的建筑艺术而令世人折服。在历史的尘封下，在大山的环抱中，这座最早被列入世界文化遗产的明代陵寝处处充满着神秘的色彩。

明显陵内的明楼台

南京·明孝陵

明孝陵是明太祖朱元璋与皇后马氏的合葬陵墓，是南京最大的帝王陵墓，被誉为中国明皇陵之首、明清皇家第一陵，至今已有 600 多年的历史。明孝陵代表着明代初期皇家建筑的艺术成就，可以说是中国陵墓建筑和陵墓文化的缩影。2003 年，经联合国教科文组织世界遗产委员会第 27 届会议决定，明孝陵作为明清皇家陵寝扩展项目入选世界文化遗产，后被列入国家 5A 级景区。

明孝陵神道

神道石像路的石兽有狮子、獬豸、骆驼、大象、麒麟和马。

盛京三陵

包括永陵、福陵和昭陵。其中永陵为清代皇族远祖的陵寝，位于辽宁省抚顺市；福陵为清太祖努尔哈赤及皇后的陵寝，位于辽宁省沈阳城东；昭陵为清太宗皇太极及皇后的陵寝，位于沈阳城北，是清代"关外三陵"中规模最大、气势最宏伟的一座。

世界遗产我知道

明十三陵十三座陵墓的名称依次是：明长陵、明献陵、明景陵、明裕陵、明茂陵、明泰陵、明康陵、明永陵、明昭陵、明定陵、明庆陵、明德陵、明思陵。

俯瞰清永陵

清东陵和清西陵

清东陵和清西陵是清代定都北京后的两个陵区，位于河北境内，在建筑布局上基本仿照明陵。东陵葬顺治、康熙、乾隆、咸丰、同治五帝及其后妃，西陵则葬雍正、嘉庆、道光、光绪四帝及其后妃。清东、西两陵与盛京三陵构成了一组清代帝陵体系，浓缩了清代几百年的历史。

清东陵石牌坊

19

园林"博物馆"

颐和园是中国保存最完整的一座大型皇家园林，也是北京古都风貌的重要组成部分和标志性人文景观之一。1998年被列入世界文化遗产名录。

颐和园位于北京海淀区，始建于1750年。颐和园的前身为北京"三山五园"中的清漪园，是清乾隆为庆贺生母孝圣皇太后60岁寿辰而建的，是一座兼有"宫"和"苑"双重功能的园林。后来，颐和园在英法联军火烧圆明园时同遭严重破坏，光绪十二年（1886）慈禧挪用海军军费修复此园，改为颐和园，意为"颐养太和"。

排云殿

世界遗产我知道

颐和园规模宏大，总面积约300公顷，主要由万寿山和昆明湖两部分组成，其中水面占四分之三。环绕在山湖之间的宫殿、寺庙、园林建筑可概括为宫廷区、居住区、游览区三大区域。

肃穆的宫廷区

宫廷区是慈禧太后长期居住的离宫，同时具有宫和苑的功能。因此，在进园的正门内建造了一个宫廷区作为接见臣僚、处理朝政的地方。宫廷区是由殿堂、朝房、值房等组成的多进院落的建筑群，占地面积不大，相对独立于其后的面积广阔的苑林区。

奢华的生活区

生活居住区是慈禧太后和光绪帝及其后妃居住的地方，包括乐寿堂、玉澜堂、宜芸馆三座大型院落。在居住区的东部，还有专供慈禧太后看戏而建的德和园三进院落。德和园以高达 21 米的三层大戏楼为主体，对面是慈禧太后看戏专用的颐乐殿，两侧是王公大臣被赏看戏时用的看戏廊。

德和园戏楼

风景宜人的游览区

游览区由万寿山前山、昆明湖、后山后湖三个部分组成。融山水、建筑、花草树木于一体，是当时统治者游乐、休憩的地区。

万寿山上看绝景

万寿山分为前山和后山两个景区。万寿山前山以外檐四层、内檐三层、高 36 米的佛香阁为中心，组成巨大的主体建筑群。前山南麓沿湖岸建置长廊，共有755 间，全长约 1000 米，为中国园林里最长的游廊。万寿山的北坡为后山，中央部位建须弥灵境，西半部有云会寺、赅春园、味闲斋、构虚轩、绘芳堂、看云起时等景点。东半部有花承阁、澹宁堂等小园林格局的景点。后山东麓有惠山园和霁清轩。站在万寿山上俯瞰昆明湖，浩渺烟波中，神山仙岛鼎足而立；十七孔桥宛若飞虹，跨向绿水之中。一线西堤纵贯南北，六桥婀娜、景色天成。宫阙巍峨、山水辉映，更以西山、玉泉群峰为借景。其构思巧妙、建筑之精，可谓集中国园林艺术之大成。

独具特色的长廊

十七孔桥

我们游近一点去看十七孔桥吧！

下午四点再去，也许还能看到"金光穿洞"。

避暑胜地，塞外京都

承德避暑山庄及周围寺庙始建于 1703 年，竣工于 1792 年，位于河北省承德市。避暑山庄是中国现存最大的皇家宫苑和皇家寺庙建筑群。1994 年被列入世界文化遗产名录。

承德避暑山庄又称"热河行宫"，俗称"承德离宫"，是清代鼎盛时期帝王避暑的夏宫，由宫殿区和苑景区组成。避暑山庄是中国自然山水宫苑的杰出代表，表达了中国 18～19 世纪的审美趣味，其高超的造园艺术曾影响欧洲，在 18 世纪的世界景观设计史上占据着十分重要的地位。

在我心中，避暑山庄最美的景点就是水心榭。

◇ **水心榭**

独特的园林景观

避暑山庄占地面积约为 564 万平方米，环绕山庄蜿蜒起伏的宫墙长达万米，相当于颐和园的 2 倍，有 8 个北海公园那么大。山庄内有康熙、乾隆钦定的 72 景，拥有殿、堂、楼、馆、亭、榭、阁、轩、斋、寺等建筑 100 余处，是中国现存最大的古典皇家园林，与故宫、曲阜孔庙并称"中国三大古建筑群"。山庄融南北建筑艺术精华，园内建筑规模不大，殿宇和围墙多采用青砖灰瓦、原木本色，淡雅庄重，简朴适度，与北京故宫黄瓦红墙、描金彩绘的堂皇耀目呈明显对照。山庄的建筑既具有南方园林的风格、结构和工程做法，又多沿袭北方常用的手法，成为南北建筑艺术完美结合的典范。避暑山庄不同于其他的皇家园林，按照地形地貌特征进行选址和总体设计，完全借助于自然地势，因山就水，顺其自然，同时融南北造园艺术的精华于一身。它是中国园林史上一个辉煌的里程碑，是中国古典园林艺术的杰作，享有"中国地理形貌之缩影"和"中国古典园林之最高范例"的盛誉。

烟雨楼

塞外京都

承德避暑山庄，这个清代皇帝避暑和处理朝政的地方，位于河北省承德市市区北部，武烈河西岸一带狭长的谷地上，自然条件得天独厚。承德避暑山庄的价值是多方面的，从政治角度来说，避暑山庄是一个能够体现民族团结、国家统一的政治舞台；从文化角度来说，作为皇家园林，它本身就有难以估量的文化价值；从艺术角度来说，避暑山庄也体现出了中国园林艺术的最高成就。

宗教圣地，皇家寺院

外八庙泛指清代在承德避暑山庄周围修建的十二座佛教寺庙。从1713年到1780年的67年间，避暑山庄的东部和北部先后修建了12座大型寺庙。这些寺庙以汉式宫殿建筑为基调，吸收了满族、蒙古族、藏族、维吾尔族等民族的建筑艺术特征，创造了中国多样统一的寺庙建筑风格，是一部记载清政府民族政策的实物档案，在中国多民族统一国家巩固与发展史上占有重要地位。

外八庙

亭台楼阁，轩榭廊舫

中国传统古建筑不仅牢固，而且极富美感，建筑种类也非常多。

亭

四周敞开的独立建筑，可供行人休息。

台

高出地面的平台，表面比较平整。

楼阁

最初楼和阁有一些区别，后来两者互通，指多层建筑。

轩

有窗的长廊或小屋，四周宽敞，可供游人休息、观赏美景。

榭

建在水边高台或水面上的木屋。

廊

屋檐下长长的过道。

舫

仿照船的造型在水面上建造的一种船型建筑物。

廊

台

亭

楼阁

榭

舫

轩

天坛里的数字密码

天坛是明清两代皇帝祭天祈谷的场所。起初名为"天地坛"，1530 年在北京另建祭祀地神的地坛，此处就改名为"天坛"。1998 年被列入世界文化遗产名录。

天坛是世界上现存最大的祭天建筑群。天坛凝聚了中国古代先贤的智慧和劳动者的心血，是中国敬天文化的结晶。曾有人用数字"一、三、五、七、九"来归纳总结天坛建筑群，指的分别是天坛的一条轴线、三道坛墙、五组建筑、七星石、九座坛门，虽然这种说法并不甚全面，但也便于人们了解和认识天坛。

一条轴线

中国古代建筑中轴线出现的历史十分悠久，轴线的出现是古人追求秩序、遵循礼法的结果。天坛位于北京中轴线的最南端，它本身也有一条南北方向的轴线。这条轴线南起圜丘坛昭亨门，北至北天门，全长 1200 多米。

三道坛墙

在天坛中轴线的周围，有三道坛墙，分别是天坛内坛墙、外坛墙以及划分祈谷坛和圜丘坛的坛墙，三道坛墙将天坛坛域有机地划分开来。但天坛的原南外坛墙早已不复存在。

俯瞰祈谷坛

祈年殿

五 组建筑群

在中轴线的南北东西主要分布着五组建筑群，这就是天坛中隐藏的"五"。这五组建筑群分别是祈谷坛建筑群、圜丘坛建筑群、斋宫、神乐署、牺牲所（今已不存）。这些建筑虽不是同一时期建成的，却规划合理、严谨，其中最具盛名的祈谷坛和圜丘坛都分布在内坛轴线两端。

中国传统建筑讲究"天圆地方"。

七星石

在天坛的草地古柏之间，隐匿着一处非常著名的景观——七星石，传说这是明嘉靖年间所放置的风水镇石，原有七块，每块石头上还有山峰的纹理，寓意泰山七峰。后来清乾隆皇帝下令在东北方向增设一石，有华夏一家、江山一统之意。从此，七星石就由八块石头组成。

九 座坛门

九座坛门包括圜丘坛的四座坛门：泰元门、昭亨门、广利门、成贞门，祈谷坛的西天门、北天门、东天门、圜丘坛门和祈谷坛门，这九座坛门就像是开启穿越时空的钥匙，把守着天坛。

声学与艺术的完美结合

天坛是中国现存规模最宏大的古代祭祀建筑群，这里的回音壁和天心石具有奇特的声学效应，吸引了很多中外游客。

回音壁

天坛皇穹宇的围墙，回音壁是经过严密计算后建造而成的，声波经围墙反射，可以传得很远。两个人挨着回音壁说话，就算相距四五十米远，也能听得清清楚楚。

回音壁　皇穹宇
听见了

天心石

天坛圜丘中心的一块圆形石板，当人站在天心石上说话时，四周的围栏可以反射声波，当说话的声音与回声重叠在一起时，就会产生共鸣，声音听起来像用了扩声器一样。

天心石
圜丘

草原上的都城

元上都遗址位于内蒙古自治区，2012 年被列入世界文化遗产名录。

"天苍苍，野茫茫，风吹草低见牛羊。"一望无际的大草原广阔无垠，令人神往，而矗立在草原上的一座都城格外显眼，虽然在时间的流逝中许多建筑消失殆尽，但斑驳的城墙掩盖不了它曾经的辉煌。走在这里，从它那规格宏伟的建筑遗迹上我们可以窥见这座城市昔日的繁华。

▲ 文化仍在延续

元上都如今虽然已沦为废墟，但此地的文化传承却生生不息，某些民俗文化活动至今仍然深刻影响着当地人的生活与行为，如蒙古族长调民歌、民间诗歌、蒙古语标准音等，均能反映出元上都遗风。除此以外，元上都附近还拥有不少自然和文化景观，如金莲川、上都河、龙岗山、宫殿遗址等，它们皆是元上都文化遗产的组成部分。

一代陪都

几百年前，一代天骄成吉思汗率领剽悍的蒙古铁骑横扫亚欧大陆，建起了空前强大的蒙古汗国。草原上很快筑起了第一座都城——上都。随着连年不断的武力征伐，蒙古汗国版图迅速扩大，元上都虽由国都转为陪都的角色，但始终与许多影响和改变世界文明进程的重大史实、人类文明成果密切关联。如今，这座著名的陪都已成为亚洲北方草原保存最好的大型都城遗址之一，被誉为"一座拥抱着巨大历史文明的废墟"。

你知道吗？

蒙古族长调民歌是首歌吗

蒙古族长调民歌歌腔舒展、节奏自如、高亢奔放、字少腔长，被联合国教科文组织定为"人类口头和非物质文化遗产代表作"。长调是蒙古族人流淌在血液里的音乐，是游牧人对草原恒久的赞歌。

神秘的高句丽王朝

高句丽王城、王陵及贵族墓葬位于辽宁省、吉林省，2004 年被列入世界文化遗产名录。

高句丽王城、王陵及贵族墓葬主要包括五女山城、国内城、丸都山城、十二座王陵、二十六座贵族墓葬、好太王碑和将军坟一号陪冢。古代高句丽王城及贵族墓葬是已经消失的高句丽文明的特殊见证。

五女山城

公元前 37 年，高句丽始祖朱蒙因败于宫廷之争流亡至此，在山上建立高句丽第一王城。高句丽王朝的政权在此延续了 40 年。五女山是山也是城，是一座楔形石与峭壁断岩筑起的山城。朱蒙带着高句丽第一代王的霸业与雄心走了，五女山顶峰留下了一个石雕的脚印。一座微微突起的土台，寂寞地盘卧在五女台顶峰的中央，残存的六块青石柱依然固执地站在两千多年前的位置上，向后人夸耀着自己的身份。

丸都山城 ▲

丸都山城位于吉林省集安市，雄踞于长白山余脉老岭山脉的峰峦之间。这里诸峰起伏错落，大致围成一个环形。丸都山城接近长方形，周长 6947 米。城墙跟随山脊的走势搭建，外侧多绝壁深谷，易守难攻，内侧相对平缓，背风宜居。山城城垣结构设计巧妙，体现了高句丽山城石构建筑工艺的最高水平。

古城文化

画卷平遥

平遥古城即今天的山西省平遥县城，1997 年被列入世界文化遗产名录。

平遥古城始建于 2800 多年前，相传帝舜曾在这里制陶、耕稼，史称古陶，北魏时改为平陶，后又改为平遥。明代时，古城在原有基础上扩建。此后，又进行了多次补修，但基本保持了原有格局。现在，平遥古城是研究中国古代筑城之制的珍贵实体资料。

龟城平遥

如果从空中鸟瞰这座古城，会发现它宛如一只头南尾北的灵龟，东西四门就像是它的四足，因此当地人也把平遥古城称为"龟城"，寓意固若金汤、长治久安。古城内外有300 多处遗址、古建筑，左有城隍庙、文庙、道观，右有县衙、武庙和寺院，沿街还有票号、钱庄、当铺、布庄、烟店等各种商店铺面。

古城南大街

日昇昌票号

　　1823 年前后，西裕成颜料庄正式更名为"日昇昌票号"，专营存款、放款、汇兑业务。在之后的 100 多年里，日昇昌先后开设分号 404 处，几乎遍布整个中国。据说日昇昌多次帮清廷纾解危困，获得皇帝金口玉言"汇通天下"，因此有了"汇通天下"的称号。

古城民居

　　平遥古城内的民居建筑多为四合院形式，布局严谨、左右对称，临街大门上还会有雕刻精细的垂花门。木雕、砖雕、石雕、剪纸，各种不同的艺术在这里交汇、碰撞，彰显着汉民族的历史文化特色。

古城城墙

　　平遥古城的城墙始建于西周宣王时期，明代时将原本的夯土城垣改为砖石城墙。城墙周长 6100 多米，高 10 米，上有垛口 3000 个，敌楼 72 座。

你知道吗？

瓮城是什么

　　平遥古城的城门外有一座小城，名叫"瓮城"。瓮城有方有圆，但都地方狭窄，易守难攻，起着保护城门的作用。

平遥县衙

　　平遥县衙位于平遥古城中心，始建于北魏，定型于元明清，保存下来最早的建筑建于元至正六年（1364）。面积约为 26000 平方米，是中国现有保存完整的四大古衙之一，也是全国现存规模最大的县衙。

"龟城"不止一座

　　"龟城"指的是用龟的形象构思、规划的城市，一般分为五大类。

1　　以龟的形态为营建意匠，比如山西的平遥古城和甘肃嘉峪关城。

2　　以龟眉、目、鼻、七窍为营建意匠，比如安徽的宣城县城。

3　　以神龟八卦式为营建意匠，比如山西的浑源县城。

4　　根据龟迹筑城，比如成都古城。

5　　依据特殊的风水模式，比如安徽的旌德县城。

听说这座城是按照我的"身材"建造的？

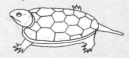

丽江美，远处的玉龙雪山更美！我要把它们画下来。

没有城墙的古城

丽江古城位于云南省丽江市古城区，是中国保存完整的纳西族聚居的古镇，1997 年被列入世界文化遗产名录。

木府

明代时，丽江纳西族首领归顺，被赐"木"姓，封为丽江世袭土知府。木氏统治丽江近500年，而丽江古城则是木氏土知府的所在地。据说为了避免"木"字被像方框一样的城墙围起来组成"困"字，所以丽江古城没有修建城墙，只是以四周的青山作为天然屏障。

四方街，通四方

走在丽江古城中，人们几乎不会遇到十字相交的道路——古城以400平方米的方形广场四方街为中心，向外辐射出六条主街，街道间又连接着数十条小巷。这些街巷上铺砌着古朴的条石，干净整洁，晴不扬尘，雨不积水。街巷两边多为商铺，商铺后是楼房。这些房屋建筑结构布局讲究，具有很好的抗震性。1996年3月，丽江古城遭遇七级地震，但这些楼房"墙倒屋不塌"，堪称奇迹。

丽江古城夜景

高原上的"小桥流水"

丽江古城海拔2400多米，在古城里向北远眺，就可以看到被皑皑白雪覆盖的玉龙雪山。玉龙雪山的冰雪融水流入地下，成为黑龙潭的地下水源之一。

黑龙潭

黑龙潭是丽江重要的水源地，潭中有三处较大的泉眼，周围还有无数小泉眼。在纳西族的传说中，他们的祖先曾经将黑龙降服于潭中，因此取名。黑龙潭水质清澈，晶莹如玉，所以也被称为"玉泉"。黑龙潭河水分为东河、西河和中河三条支流流入丽江古城中，蜿蜒着来到家家户户门前。为方便交通，小河上架起了一座座石桥、木桥，加上悠悠转转的木制水车，漫步其中，仿佛置身于江南水乡。

三塘水

古城中有多处三眼泉井，上井里的水用作日常饮水，中塘的水用来洗菜，下池的水用来清洗衣物，分工明确，布局合理。

中西融合的魅力古城

澳门大三巴牌坊

哪吒庙

在闻名遐迩的大三巴牌坊的附近，是香火鼎盛的哪吒庙。这座庙宇面积不大，主体建筑由门厅和正殿两进式砖木结构组成，却并无天井过渡，这在传统中式庙宇中十分罕见。

澳门历史城区是一片以澳门旧城区为核心的历史街区，2005 年被列入世界文化遗产名录。

16 世纪中期，随着葡萄牙人逐渐聚居澳门，这里开始修建各类具有西方建筑特色，或者糅合了中西方建筑特点的住宅、公共建筑与防御工事。这些建筑与当时固有的部分中式建筑，以及 19 世纪中叶之后新建的中式建筑共同形成了今天的澳门历史城区。

岗顶剧院

岗顶剧院是为纪念葡萄牙国王伯多禄五世修建的，因此又叫"伯多禄五世剧院"。这座剧院由澳门的葡萄牙人集资兴建，被认为是中国的第一家西式剧院。剧院经历过多次维修，但目前主体建筑基本保存完整，建筑长 41.5 米，宽 22 米。岗顶剧院历经岁月的洗礼，不仅曾在第二次世界大战期间被当作难民庇护所，而且也是著名歌剧《蝴蝶夫人》举行亚洲首演的地方，不少国际上有声望的艺术团体都曾来此演出。

大三巴牌坊

大三巴牌坊位于澳门半岛大巴街附近的小山丘上，是澳门极具代表性的标志性建筑之一，也是每一位游客的必到之地。大三巴牌坊并不是中国式的牌坊，而是圣保罗教堂在经历了一场大火后留下的一道残垣遗壁。整座教堂结合了欧洲文艺复兴建筑与东方建筑的风格。圣保罗教堂遭遇火灾后，剩下的部分酷似中国传统的牌坊，于是便有了"大三巴牌坊"这个独特的名字。

岗顶剧院

这些古炮在 1622 年抵御荷兰人的入侵时，发挥了重要的作用。

大炮台城堡的顶层为大炮台花园。

大炮台

大炮台原称"圣保禄炮台"，又称"中央炮台""大三巴炮台"，坐落于澳门半岛中央，可以纵览全澳。它是明代重要的海防设施，曾经击退荷兰人入侵。炮台占地面积约8000 平方米，平坦而开阔。四周城墙气势雄伟，周围绿草如茵，古木参天。

世界遗产我知道

澳门历史城区是中国境内现存最古老、规模最大、保存最完整、最集中的中西特色建筑共存的历史城区，是 400 多年来中西文化交流、多元共存的结晶。

妈阁庙

妈阁庙

妈阁庙又叫"妈祖庙"，是澳门的三大禅院之一，也是其中最古老的一座，包括正殿、弘仁殿、观音阁、正觉禅林四组建筑。整座建筑背山面海，倚崖而建，四周林木参天，风景秀丽。妈阁庙各部分分别建于不同时期，最早建于明代，至今有几百年的历史。整座妈阁庙主要供奉妈祖。妈祖对中国沿海文化具有极大的影响力，澳门当地的渔民每年都会举办隆重的祭拜仪式。

哦，我的家乡鼓浪屿，让我来为你弹奏一曲。

海上花园 鼓浪屿

[鼓浪屿位于福建省厦门市，与厦门市区隔海相望。2017 年"鼓浪屿：国际历史社区"被列入世界文化遗产名录。]

鼓浪屿，因岛屿西南的海蚀洞在海浪的冲击下声如擂鼓而得名。岛上常年林木葱郁，处处鸟语花香，而无车马喧嚣，是著名的旅游胜地。它宛如一颗璀璨的海上明珠，镶嵌在厦门湾的碧海绿波之中，素有"海上花园"之称。

在地球造山运动时期，鼓浪屿浴水而出。这个面积约1.77平方千米的小岛上，高岩、山谷、礁石、沙滩等多种地貌浑然天成，美不胜收。岛上千姿百态的花岗岩构成了高低错落的岩石景观。其中最具代表性的是日光岩，气势峥嵘，被称为"鼓浪屿第一景"，在这里你可以登临极顶，观赏壮阔海景、俯瞰岛屿风光；也可以去郑成功纪念馆，感受鼓浪屿浓厚的历史气息。据记载，明代末年，郑成功曾在此训练水军，挥师收复台湾。

建筑博物馆与音乐之乡

漫步在鼓浪屿，你会被错落有致的别墅吸引，中式的庭院、罗马式的圆柱、哥特式的尖顶、伊斯兰式的圆顶、巴洛克式的浮雕等，来自各国的建筑特色在此汇聚，中西合璧，互相融合，造就了异彩纷呈的建筑美景，因而让这里有"万国建筑博览"之称。

鼓浪屿也是一个充满天籁之音的小岛，海风经年吹拂鸣响，波涛日夜往复吟唱，还有树间的鸟儿，用各种嘹亮的歌声奏出一首首宏大的交响曲。独有的音乐文化底蕴成就了鼓浪屿"音乐之乡"的美称，从这里走出了中国现代音乐先驱周淑安、著名钢琴家李嘉禄等众多的音乐精英。岛上建有中国第一家钢琴博物馆，在这里可以聆听清脆的钢琴声，感受鼓浪屿的音乐文化。

雄伟奇丽的日光岩

外形如一座钢琴的钢琴博物馆

你知道吗？

植物天堂

鼓浪屿四季雨量充沛，4000余种植物常年郁郁葱葱。这里有国内仅有的大果红心木、国内最粗的印度紫檀、从新西兰等国引种的各类珍稀果树等。

世界遗产我知道

鼓浪屿上的建筑群是一部浓缩的中国近代发展史，是研究中国沦为殖民地半殖民地社会的实物资料。因此，即使要对部分建筑进行保护修缮，也要遵守"不改变文物原状"的原则。

文明交流的**奇迹**

丝绸之路长安——天山廊道的路网

线路跨度近5000千米，沿线共有各类代表遗迹33处，其中有22处位于中国境内。2014年被列入世界文化遗产名录。

公元前139年，张骞受汉武帝委派出使西域，途中不幸被敌人俘获，10年后才得以逃脱。之后，张骞辗转回到长安，带回了关于西域的各种情报。从此，一条沟通中原和西域的商道开始出现，它就是名闻遐迩的丝绸之路。

"陆上丝绸之路"和"海上丝绸之路"的开通有着重要的价值和作用，架起了古代中国与各国沟通的桥梁，促进了经济和文化的交流。

大佛寺大佛

丝绸之路上的璀璨明珠

随着丝绸之路的开辟，原产于西域的胡桃（核桃）、胡萝卜、胡瓜（黄瓜）、胡蒜（大蒜）、葡萄、石榴等食物先后传入中原，丰富了人们的饮食。之后，佛教也经过这条道路传来，对中华文化乃至世界文明产生了重大影响。

位于陕西省的彬州大佛寺是唐代都城附近最大的石窟，大大小小的窟室共有100多个，其中最大的佛窟里有一尊24米高的大佛。

彬州大佛寺

玉门关关城遗址

春风不度玉门关

说到玉门关，人们马上会想到唐代诗人王之涣那首脍炙人口的《凉州词》："黄河远上白云间，一片孤城万仞山。羌笛何须怨杨柳，春风不度玉门关"。玉门关曾是通往西域各地的重要军事关隘和丝绸之路的交通要道，相传西汉时，西域的玉石会经过这里进入中原，因此而得名。玉门关在丝绸之路的历史上有着举足轻重的地位。宋以后，与西方的陆路交通逐渐衰落，玉门关也随之失去其重要地位。明代嘉峪关代替了玉门关，成为通往西域的门户。

泉州：宋元中国的世界海洋商贸中心

该遗产位于福建省泉州市，2021年被列入世界文化遗产名录。泉州临海，宋元时期是海上丝绸之路的始发港之一，来自菲律宾、日本、非洲、意大利等世界各地的商船都在这里停泊，各种货物在这里囤积和交易。

元初的意大利旅行家马可·波罗将它誉为世界上最大的商港之一。直到今天，泉州都是我国重要的港口。

"海上丝绸之路"的发展

①形成期。秦汉时期，连通中国与东非、欧洲的海上运输路线被打通。

②发展期。魏晋时期，广州成为海上丝绸之路的主要港口，海上通道可达波斯湾，和南海诸国联系紧密，贸易往来频繁。

③繁盛期。隋唐时期，海上线路更加活跃，成为陆上丝绸之路的重要辅助。

④鼎盛期。宋元时期，造船、航海技术的迅速发展以及天文定位、指南针在航海中的运用，为中国海上运输技术的发展奠定了坚实基础。

⑤由盛及衰期。"郑和七下西洋"将中国海上运输能力提高到了更高水平，也开拓了海外贸易市场。中国先后同60多个国家建立了直接的商贸往来。在此之后，海外贸易开始不断收缩。

从这里走向世界

早在唐代，泉州的刺桐港就已经是中国四大外贸港口之一。宋元时期，泉州对外通商更加繁荣，一跃成为世界大港。生活在这里的闽人更是崇商，元代时，各地闽人从家乡带着丝绸、药物、糖、纸、手工艺品等特产搭上商船，自泉州顺着海上丝绸之路漂洋过海，将这些商品销往世界各地。如此周而复始之后，一些闽商开始在国外定居，同时也继续拓展着商贸往来。通过这条海上丝绸之路，他们东渡日本、北达北欧、西至南北美洲、南抵东南亚各国，足迹遍及全球各地。

现在的泉州港

土司和吐司是什么关系？

土司是官职名称，吐司是一种面包……

百年王朝，千年土司

[土司遗址 位于中国西南山区，湖北省恩施唐崖土司城遗址、
贵州省遵义海龙屯遗址和湖南省永顺老司城遗址是其中的代表，
2015 年被列入世界文化遗产名录。]

"土司"是13到20世纪初期时由中央王朝任命的少数民族聚居区首领，他们世袭官职，以达到统治当地人民的目的。这种制度推行的时间超过600年，涉及的民族超过40个。

恩施唐崖土司城遗址

位于湖北省的恩施唐崖土司城遗址依山傍水，占地面积达70多万平方米，整体布局较完整，由3街18巷36院落组成，保存下来的土司时期的遗迹很多，比如牌坊、衙署、土司墓、采石场、营房等。

遵义海龙屯遗址

海龙屯遗址建于悬崖峭壁之上，只有东南面有一条小道可以通往山顶，它是已发现的历史最悠久、规模最大、保存最完整的土司城堡，集大型军事建筑和宫殿为一体，因为地处龙岩山上，所以也称"龙岩屯"。海龙屯遗址由外城和内城两部分组成，共有铜柱关、铁柱关、飞虎关、飞龙关、朝天关、飞凤关、万安关、二道关和头道关九个关隘，每个关隘均以重达数百斤的巨石垒砌，圆拱形的城门高5～10米，气势恢宏。

海龙屯

世界遗产我知道

尽管三座土司城遗址在土司时期的部分遗存被后来的土层所覆盖，但仍为土司制度这一中国少数民族管理的早期制度提供了特殊的见证。不过，由于受到植被生长、强降雨、游客增多、旅游设施修建等原因的威胁，土司城遗产的保护工作不容乐观。

永顺老司城遗址

永顺老司城遗址位于湖南省永顺县灵溪河畔，从910年到1728年，历经28代，共有35位刺史或土司。在史书中有着"城内三千户，城外八百家"等记载。

你知道吗？ 土家族

土家族自称"毕兹卡""密基卡"或"贝锦卡"，意思是"土生土长的人"。土家人多用自己织染的青蓝色青布或麻布制作服饰，茅草屋、土砖瓦屋、木架板壁屋和吊脚楼是他们的传统民居。

恩施唐崖土司城的廪君殿

听一曲客家山歌

福建土楼主要分布在福建省西南部的崇山峻岭中，以其独特的建筑风格和悠久的历史文化著称于世。2008年被列入世界文化遗产名录。

福建土楼指兼具群居、祠祀与防御功能，利用生土夯筑而成的大型住宅楼房，主要分布在福建西南部，广东北部和江西南部山区。它以历史悠久、规模宏大、结构奇巧、功能丰富而著称，享有"东方古城堡""世界建筑奇葩""世界上独一无二的山区建筑模式"等美誉。

巧妙的构造

土楼最高可建六层，供三代或四代人同楼聚居。一般土楼的外墙下厚上薄，一、二层外墙没有窗户，只有坚固的大门。只要关上大门，土楼便成为坚不可摧的堡垒。据史料记载，一次七级地震曾经将一座土楼的墙体震裂了20厘米，令人惊奇的是，过了一段时间，这座土楼竟然自行"痊愈"了，足见土楼设计的巧妙与墙体的坚韧。

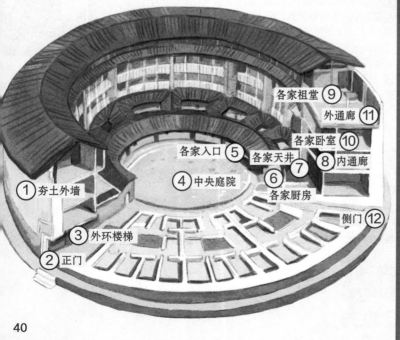

① 夯土外墙
② 正门
③ 外环楼梯
④ 中央庭院
⑤ 各家入口
⑥ 各家厨房
⑦ 各家天井
⑧ 内通廊
⑨ 各家祖堂
⑩ 各家卧室
⑪ 外通廊
⑫ 侧门

土楼按照形状可分为圆楼、方楼、五凤楼、半圆形、八卦形楼等，其中最常见的是圆楼和方楼。圆楼由内到外，环环相套，一层是厨房和餐厅，二层是仓库，三层及以上住人。土楼墙壁较厚，既可防震、防盗，还能保温隔热，冬暖夏凉。

土楼是如何建造的?

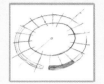

1. 开地基

4. 立柱竖木

2. 砌墙脚

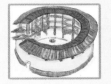

5. 铺上瓦片

3. 夯筑土墙

6. 装饰装修

永定方形土楼内部

坚固的防御

福建土楼出现于宋、元时期，在明清时期比较盛行。闽西南山区地势险峻，人烟稀少，曾一度有野兽和盗匪出没，为了方便共御外敌，当地人巧妙利用了山间狭小的平地，就地取材建起极富美感和防御功能的生土高层建筑。从空中鸟瞰，一座座土楼宛如降落的飞碟，又如雨后蓬勃成长的蘑菇，其造型、气势、装饰及建造工艺全世界独一无二。

裕昌楼的木柱东倒西歪

东倒西歪楼

福建省漳州市南靖县有一处号称"东倒西歪楼"的裕昌楼，是一座建于元末明初的圆形土楼。裕昌楼共有五层，高约18米，从第三层开始，楼内回廊木柱看上去东倒西歪，好像顷刻间便要轰然倒塌。其实，裕昌楼的斜只是局部结构的斜，最底部的木柱和最顶部的木柱保持在同一条轴线上，重心并没有偏移。所以几百年过去了，尽管经历了无数风雨和数次地震，裕昌楼依然挺立如昔。

人间天堂，园林之城

苏州古典园林位于江苏省。1997年，拙政园、留园、网师园和环秀山庄被列入世界文化遗产名录；2000年，沧浪亭、狮子林、耦园、艺圃和退思园作为扩展项目被列入世界文化遗产名录。

风景秀丽的江南水乡向来以青山秀水扬名于世，园林艺术更是闻名天下。苏州古典园林以其意境深远、构筑精致、艺术高雅、文化内涵丰富而成为中国古典园林的典范。

造景艺术

苏州园林的造景艺术很好地体现出了自然美的主旨，在设计构筑中采用借景、对景、分景、隔景等种种手法组织空间，因地制宜，在有限的空间中形成了园林中曲折多变、小中见大、虚实相间的景观艺术效果。苏州园林强调诗情画意，运用山、水、建筑、花木等要素，营造幽静、美丽的城市山林景色，达到了"咫尺山林，空间无限"的艺术效果，让人"不出城郭而获山水之怡，身居闹市而有林泉之趣"。

造型各异的窗

在苏州园林的围墙、回廊的侧墙上，有许多造型各异的漏窗，通过漏窗透视园内，景物时隐时现，达到了"犹抱琵琶半遮面"的效果。像留园的漏窗景、拙政园的听雨轩等都很好地运用了漏景的技巧。在布局上，苏州园林多以水为中心，极具江南情趣。在结构上，做到了以小巧取胜，以小见大，移步易影。在空间处理上，或藏或露，或深或浅，虚中有实，实中有虚。"隔而不隔，界而未界"的时空布局，将苏州园林的美展现得淋漓尽致。

四大名园

现存园林中，沧浪亭、狮子林、拙政园和留园分别代表着宋、元、明、清不同时期的艺术风格，被称为苏州"四大名园"。苏州园林在人口密集的城市中，以有限的空间，运用独特的造园艺术，将湖光山色与亭台楼阁融为一体，集观赏与居住为一身，把生机盎然的自然美和创造性的艺术美相融合，折射出中国传统园林建造工艺的精髓和内涵。

狮子林石舫观荷

沧浪亭 ▲

沧浪亭是苏州园林中最古老的一个，始建于北宋庆历年间，曾一度成为抗金名将韩世忠的住宅。

狮子林 ▲

因石头的形状很像狮子而得名。狮子林园区呈长方形，园内湖石假山匠心独具、别有风韵。燕誉堂、见山楼、飞瀑亭、问梅阁等建筑错落有致分布其中。

拙政园春日景观

留园夏日盛景

拙政园 ▲

是苏州最大的园林，也是苏州园林的代表作。拙政园的布局以水为主，池水面积占园区总面积的五分之三，亭台轩榭多临水而建。远香堂、雪香云蔚亭、待霜亭、天香亭、十八曼陀罗花馆、三十六鸳鸯馆等巧妙建在园内各处。

留园 ▲

位于阊门外留园路，清代称"寒碧山庄"，俗称"刘园"，后改为"留园"。留园内建筑之多在苏州诸园中位居榜首，在空间景物的处理上充分体现了古代造园工匠的高超技艺和智慧。

为什么苏州园林这么美？

美丽的湖水是苏州园林的灵魂。

不，我觉得园林中的建筑才是精华！

孔府前堂楼内景

孔府

孔府是世袭"衍圣公"的孔子嫡裔子孙居住的地方，以前被称为"衍圣公府"。一直以来，孔府都有着"天下第一家"的美称，同时它也是中国封建社会官衙与内宅合一的典型建筑。

孔府初建时规模很小，以后经过不断扩建才形成了今天的规模，成为中国仅次于明清皇宫的最大府第。孔府现占地面积16万平方米，共有400多个厅、堂、楼、轩等各式建筑，分为前后九进院落，中、东、西三路布局。

孔府左右对称，布局严谨，中轴线贯穿整个建筑群。府内陈设保存完整，珍藏着很多历史文物，不仅有商周青铜器、元明衣冠和名人墨迹，还有大量瓷器、珐琅器和珍贵的文书档案，使孔府宛如一座珍宝博物馆。

东方圣城，曲阜三孔

曲阜孔庙、孔林和孔府位于山东省曲阜市，是东方建筑艺术的杰出代表，承载了深刻的历史内涵，是人类文化遗产的重要组成部分。1994年被列入世界文化遗产名录。

孔子是中国著名的思想家、政治家和教育家，被中国历代帝王奉为"万世之表"。孔庙、孔林和孔府分别为奉祀孔子的庙宇、孔家家族墓地和孔子嫡裔府邸。皆位于山东省的曲阜市，被统称为"三孔"，以深厚的文化积淀、悠久的历史、宏大的规模、丰富的文物馆藏和极高的艺术价值而著称。"三孔"既是我国古代推崇儒家思想的象征和标志，也是研究我国历史、文化和艺术的重要实物。

你知道吗？

孔子

孔子名丘，字仲尼，是儒家学派创始人。孔子的弟子根据他的言行整理编成《论语》。

孔庙

孔庙是中国历代封建帝王用来祭祀孔子的庙宇，又称"文庙"，始建于公元前478年，后经历代多次重修和扩建，形成了现有规模。孔庙是中国古代大型祠庙建筑的典范，与北京故宫、承德避暑山庄并称为"中国三大古建筑群"，在世界建筑史上占有重要地位。

孔庙共有九进院落，纵长630米，横宽140米，有殿、堂、坛、阁460多间，门坊54座，"御碑亭"13座，占地面积约9600平方米。孔庙内陈列着大量石刻，特别是这里保存的汉碑，在全国是数量最多的，历代碑刻亦不乏珍品，其碑刻之多仅次西安碑林。

孔庙是一个具有东方特色的建筑群，其占地面积广阔，规模宏伟，历史悠久，保存得也十分完整，古建筑学家们称它是世界建筑史上"唯一的孤例"，同时它也是中国劳动人民智慧与汗水的结晶。

孔林

孔林又称"至圣林"，是孔子及其后代的墓园。孔林地处曲阜城北面，占地面积200多公顷，现有坟冢10万余座，是世界上规模最大、延时最久的家族墓地。孔林还是一座天然植物园，林内现有各类古树名木10万余株。相传孔子去世后，其弟子"各以四方奇木来植，故多异树"。上千类花草树木，争相斗艳。在万木掩映的孔林中，碑石如林，石仪成群，各种墓碑、题记4000余块，石仪、门坊300余座。除一批著名汉碑移入孔庙外，林内尚有严嵩、孔尚任、何绍基、施闰章、康有为等著名人士及孔子嫡系后裔题写的墓碑文。这里既可考春秋之葬，证秦汉之墓，又可研究我国历代经济、文化发展和丧葬风俗的演变，可以说是一个名副其实的露天博物馆。

孔林中的神道

屹立天地之中

登封"**天地之中**"历史建筑群位于河南省登封市内，2010年被列入世界文化遗产名录。

"天地之中"历史建筑群包括少林寺建筑群、嵩岳寺塔、中岳庙、嵩阳书院、会善寺等8处11项历史建筑。这些建筑历经九个朝代修建而成，生动直观地展示了中国中原地区两千年的建筑史。

嵩山少林石牌坊

天下第一名刹

少林寺始建于1500多年前，是北魏孝文帝为安置印度高僧跋陀尊者修建的，因位于少室山下竹林中而得名"少林"。唐初，秦王李世民曾得到13名少林寺武僧的鼎力相助，于是他在少林寺立碑表彰少林武僧，少林功夫也因此名扬天下。

埋葬历代主持和尚的塔林位于少林寺西侧，楼阁式塔、密檐式塔、亭阁式塔、喇嘛塔、幢式塔……各种各样的砖塔共有200余座，是中国现存面积最大、数量最多、价值最高的古塔建筑群。

塔林

中岳庙

中岳庙群山环抱，风景秀丽，从中华门到御书楼有殿、楼、阁、台、亭、廊等建筑 400 多间，南北长约650 米，占地面积约 10 万平方米，是河南省内规模最大、保存最完整的古代道教宫观。

中岳庙遥参亭

嵩阳书院

嵩阳书院始建于 484 年，当时名叫"嵩阳寺"。之后又相继改名为"嵩阳观""太乙书院""太室书院"，直到 1035 年才更名为"嵩阳书院"。书院鼎盛时期有学生数百人，著名的范仲淹、司马光、程颐、程颢等儒学大家都曾在这里讲学授课。明代末期，嵩阳书院毁于一场大火，清代时才得以重修。书院中原本有 3 棵将军柏，其中 1 棵毁于明末火灾，如今仅剩 2 棵，树龄约 4500 岁。

嵩阳书院大门

你知道吗?

观星台是看星星的地方吗

观星台创建于元代初期，是中国现存最早的天文台建筑。观星台是一座具有重要科学研究价值的古代科学遗迹，反映了元代天文仪表改革的巨大成就。观星台附近还保存有清代晚期建造的照壁、大门、周公祠及后殿等历史建筑。

五岳名山在哪里

东岳泰山、西岳华山、南岳衡山、北岳恒山和中岳嵩山合称"五岳"。

泰山

东岳泰山位于山东省泰安市，是五岳之首，海拔 1532.7 米。在古代，很多皇帝都会来泰山祭拜，祈祷天下太平。

华山

西岳华山位于陕西省华阴市，海拔 2154.9 米，地势险峻，有"华山自古一条路"的说法。这里也是神话传说中沉香劈山救母的地方。

衡山

南岳衡山位于湖南省衡阳市，海拔 1300.2 米，是五岳中海拔最低的山。相传这里是火神祝融的埋葬地，山上建有祝融殿。

恒山

北岳恒山位于山西省大同市，海拔 2016.1 米，山脚的悬空寺是中国现存最早、保存最好的高空木结构摩崖建筑。

嵩山

中岳嵩山位于河南省登封市，最高峰海拔 1512 米，因地处"天下之中"而得名。

恒山

华山

嵩山

泰山

衡山

青砖黛瓦，如诗如画

以西递、宏村为代表的**皖南古村落**与地形、地貌、山水巧妙结合，具有强烈的徽州文化特色，2000年被列入世界文化遗产名录。

西递、宏村位于中国安徽省黄山市黟县，是颇具代表性的两座传统村落。此外，著名的古村落还有位于徽州区的潜口、唐模、呈坎；位于黟县的南屏、关麓、屏山、卢村；位于歙县的棠樾、深渡、昌溪、北岸等。

宏村外景

宏村

宏村地处黄山西南麓，处于山水环抱之间，至今已有800多年的历史。宏村原名"弘村"，后来因避讳清乾隆帝弘历之名，才改名为"宏村"。宏村共有古建筑420余幢，其中保存比较完好的明清古建筑有100幢左右，是徽州地区传统村落的典型代表。这里山清水秀，风景优美，山尖、绿林、流水和民居共同构成了一幅天然水墨画。

西递村

西递村别称"西溪""西川"，始建于北宋庆历七年（1047），至今已有900多年的历史。从高处俯瞰，整个村落的形状就像一艘大船。西递村四面环山，发源于北部山麓的三条溪流穿村而过。街巷里均是青石铺路，小路两旁随处可见白墙黛瓦，耳边不时传来几声鸡鸣狗吠，令人恍若进入一片世外桃源。

徽派古建筑

徽派建筑是中国古建筑的重要流派之一。受传统文化和地理位置等因素的影响，徽州形成了独具一格的徽派建筑风格。粉墙、青瓦、马头墙、砖木石雕以及高脊飞檐、曲径回廊、亭台楼榭等和谐组合在一起，构成了徽派建筑的基调。徽州三雕包含石雕、砖雕和木雕，是徽派建筑中重要的装饰性雕刻。徽州三雕与建筑整体配合得极为严密稳妥，其布局之妙、装饰之美，令人叹为观止。

西递村外景

石雕

砖雕

木雕

快看，那城堡真气派！

那可不是城堡，那是有防御功能的碉楼。

开平碉楼与村落地处广东省开平市，是对中国和西方建筑风格的大胆融合。2007年被列入世界文化遗产名录。

独具魅力的开平碉楼

碉楼是主要用于防守、瞭望和居住的较高建筑物。早在汉代，碉楼就已经出现了。我国的山东、西藏、云南、四川、重庆、福建、广东等地都有碉楼的身影，其中广东的开平碉楼极具代表性。

开平碉楼群

一楼多用

开平碉楼集防卫和居住于一体，主要分为三种形式：众楼、居楼和更楼。众楼是由若干户人家共同兴建的，作为避难之用；居楼由富有人家独自建造，用于防御和居住；更楼出现的时间最晚，具有联防预警的功能。

近代建筑博物馆

明代后期，开平经常遭遇洪灾，同时还有很多猖獗的土匪四处作乱。为了保护家人和财产，村民开始修建既能防洪又能防盗的碉楼。后来，海外华侨集资汇回家乡建碉楼，并把西方的建筑技艺介绍过来，开平碉楼的建筑功能和建筑艺术从而得到不断升华。

在鼎盛时期，开平的碉楼有3000多座，数量之多、建筑之精美、风格之多样，在国内乃至国际的传统建筑中也实属罕见。这一座座碉楼生动展现了中西方文化的碰撞与融合，堪称"近代建筑博物馆"。

伟大工程

不到长城非好汉

长城东起辽宁丹东虎山，西到甘肃嘉峪关，横跨辽宁、北京、山西等 15 个省市，至今已有两千多年历史，1987 年被列入世界文化遗产名录。

你知道吗?

长城有多少岁

长城在春秋战国时期就已经初具雏形，后经历朝历代的不断修建，一直到明代才形成现在的规模。所以，长城已经有两千多岁了。

"不到长城非好汉"，攀登长城被人们视为一种英雄行为，人们兴致勃勃地来此，沿着古老的台阶，触摸斑驳的城墙，从中窥见历史的久远，或是极目远眺，山河尽在眼中，大有抒发豪情壮志之意。然而，长城只是沉默地矗立在群山之巅，见证着沧海桑田。

早在春秋时期，各诸侯国就开始修建长城，互相防御。秦始皇统一六国后，将之前修建的长城连接起来，筑成了西起临洮，东至辽东的万里长城。在之后的历史中，长城经过多次的修缮和增筑，其中以明代的修筑工程最大。明长城西起嘉峪关，东达鸭绿江，现在保存下来的长城大部分是明代遗物。

居庸关

山海关

相传秦始皇修筑长城时，将囚犯、士卒、和强征来的民夫徙居于此，取"徙居庸徒"之意。居庸关两侧高山耸立，翠峰重叠，有"居庸叠翠"之称，被列为燕京八景之一。

山海关是明长城东部起点的第一座关隘，北依燕山，南临渤海，雄关锁隘，易守难攻。雄踞于东门之上的镇东楼是山海关的标志性建筑，上面的"天下第一关"牌匾格外引人注目。

嘉峪关

嘉峪关是明长城西端的起点，是古代丝绸之路通往西域必经之地，被称为"河西咽喉"，西汉张骞和东汉班超出使西域均经过此处，唐代玄奘去往天竺（今印度）取经也取道于此。

诗词里的长城

长城历史悠久，自古以来便引得众多文人墨客竞相吟咏。诗词里的长城向世人展示出了另一副面貌，砖石黄土堆砌起来的不仅是奇伟壮丽的建筑，还有穿越古今的文化沉淀。

东汉才女蔡文姬用"夜闻陇水兮声呜咽，朝见长城兮路杳漫"来表达对故土的思念；宋代诗人陆游用"塞外长城空自许，镜中衰鬓已先斑"抒发壮志未酬的感叹；初唐四杰之一的卢照邻写下"高阙银为阙，长城玉作城"，借长城歌颂了坚守使命的使者、将士；明代文学家王琼用"危楼百尺跨长城，雉堞秋高气肃清"描绘长城的雄伟景象。

百科速览
长城冷知识

长城有多长
↓ 国家文物局用了6年才测量完长城的长度，并发布了《中国长城保护报告》。报告显示，长城长21196.18千米，是名副其实的万里长城。

长城的构成
↓ 长城由连续的城墙、关隘、敌台和烽火台构成。城墙是长城的主体，敌台是城墙上的主要战斗设施，关隘是长城上的防守据点，烽火台是用来传递信号的。

智慧为笔，绘千年大运河

大运河包括隋唐大运河、京杭大运河和浙东运河三部分，全长约 2700 千米，是中国古代南北水路交通的主要通道。2014 年被列入世界文化遗产名录。

大运河世界遗产分布在 8 个省（直辖市）27 个城市，由 31 处独立的遗产区构成。这些遗产展示了历史的发展、河道航行景观、水管理技术设施，以及与运河相关的城市景观、历史遗迹和文化传统。

大运河变形记

中国大运河是世界上开凿最早的运河之一，至今已有两千多年的历史。

大运河形成复杂，经历了多次扩建和改造。中国大运河始凿于春秋，隋朝时第一次全线贯通。元代时完成第二次大贯通，成为古代中国交通线路的关键枢纽。

大运河北起北京，南讫杭州，其历史之久、里程之长居世界运河之首。大运河漕运的开通不仅加强了南北联系，而且带来了巨大的经济效益，使两岸许多城市崛起。大运河为百姓生存提供粮食物资，为领土的统一管辖、军队的运输和经济文化交流创造条件。大运河直到今天仍是重要的内陆交通运输方式，自古至今在保障中国经济繁荣和社会稳定方面发挥着重要作用。

春秋

公元前 486 年，吴王夫差为了作战需要而命令兵将挖了邗沟，其他诸侯国相继效仿。

隋

隋炀帝为营建东都洛阳，下令开凿了以洛阳为中心，北至涿州（今北京）南到余杭（今杭州）的"人"字形运河。南方和北方通过这条运河连接了起来。

隋唐

隋唐时期，大运河以洛阳为中心从南到北连接成"人"字形。南方和北方通过这条运河连接了起来。

夜幕下的大运河灯火辉煌

奇迹之河

大运河全长约 2700 千米，开汽车走完这段路程一般要用将近 30 个小时！可想而知，开凿出这样长的河道该有多么困难。大运河展现了中国古代水利技术的卓越成就，也凝聚了中华民族的智慧。

开凿运河三大难题

1. 克服地形高差。

2. 解决水源不足的问题。

3. 确保运河的航运安全。

流淌了千年的古老运河积淀了深厚独特的历史文化底蕴。有人将大运河誉为"大地史诗"，大运河与万里长城交相辉映，在中华大地上烙了一个巨大的"人"字，向世人展示着中华民族的勤劳智慧与伟大的创造力。

唐宋

唐、宋两代对大运河继续进行疏浚整修。运河漕运量大增。

元明清

隋唐大运河

京杭大运河

元代时，为了让江浙一带的物资更快到达大都（北京），便对大运河采取了截弯取直的改造。明清时期是大运河的鼎盛时期，每年经运河北上的漕粮有 400 万石。

天府之源，水利奇迹

位于四川省成都市的都江堰是全世界迄今为止年代最久、唯一留存的以无坝引水为特征的著名水利工程。青城山深厚的道教文化与清幽的自然环境，使它成为一座历史名山。2000年**青城山与都江堰**作为一项世界文化遗产被列入世界文化遗产名录。

都江堰的形成具有特定的地质基础与历史缘由。浩瀚奔腾的岷江穿山过岭，呼啸而来，进入成都平原后忽然变得温婉许多，流速开始减慢，夹带而来的泥沙与石砾沉积下来淤塞了河道，导致成都平原每年的水旱灾害十分严重。雨季来临时，岷江及其支流水位暴涨，泛滥成灾；雨季过后又会水位下降，引发干旱。

变害为利的水利工程

战国后期，秦国蜀郡太守李冰与儿子率领无数劳动人民成功修筑了都江堰这座宏大的水利工程，它科学地解决了分流、排沙、控制进水流量等问题。在建成两千多年后的今天，都江堰仍在使用，继续造福着苍生。

都江堰与尼罗河流域、两河流域的同时期水利工程相比，在许多技术方面都居于领先地位。更重要的是，它在建成后两千多年的漫长岁月中，经受住了无数自然、社会、战争等因素的无情考验。尤其是在2008年汶川大地震中，当地许多水库、大坝、房屋等建筑均遭到不同程度的破坏，但距离地震中心仅20多千米的都江堰各主体工程却安然无损，至今仍然完好运行，这在世界水利史上堪称一大奇迹。

都江堰虹口

李冰父子像

你知道吗？
伟大的都江堰

都江堰的整体设计没有破坏自然生态，反而充分利用自然资源为人类服务，变害为利，使人、地、水三者高度和谐，改造并保护了当地的生态环境。

青城山位于都江堰市西南部，古称"丈人山"，因其"青翠四合，状如城郭，故名青城"。青城山地貌奇特，云雾笼罩，树木葱茏，其峰峦、溪谷、道观、亭阁隐现于满山绿影中，极为清幽僻静，素有"青城天下幽"之美誉。

青山，清幽，青城山

青城山景区分为前山和后山。前山景色温婉灵秀、绿荫掩映，处处是文物古迹，主要景点有建福宫、老君阁、朝阳洞、祖师殿、上清宫等。后山林幽水秀、山雄峰险，一年四季景致分明，主要景点有泰安古镇、三潭雾泉、龙隐峡栈道、金鞭岩、又一村、白云寺等。

青城山月城湖

青城山还有日出、云海、圣灯三大自然奇观，其中圣灯一景尤为奇特，最佳观景处为上清宫。若是待到雨后夏夜，登临上清宫附近的圣灯亭向山谷中望去，可见点点亮光游离其间，闪闪烁烁，忽明忽灭，少则三五点依稀映现，多则成百上千灿若星空。虽然这只是山中磷氧化燃烧的自然现象，但面对如此奇山奇景，人们更愿意相信另一种美丽的传说——这些亮光是青城山的神仙点亮的灯笼。

崇尚自然的建筑

从汉代起，青城山就成为声名远扬的名山胜境，这里的建筑选址、布局都体现了道教思想特色。各宫观顺应山水之势，布局灵活自如，如真武宫、朝阳洞、古常道观就营建于绝壁之下。

小宫观及风景点一般设在赏景佳处，如山顶、岩腰、洞边、溪畔，游人可在此赏景、休息、避雨，基本上是一里一亭、三里一站、五里有住宿，做到了人与自然的和谐共处。

青城山山门

中国山水

登泰山而小天下

<u>泰山</u>位于山东省中部，1987 年被列入世界文化与自然混合遗产名录。

"岱宗夫如何？齐鲁青未了。造化钟神秀，阴阳割昏晓。荡胸生曾云，决眦入归鸟。会当凌绝顶，一览众山小。"唐代诗人杜甫的一首《望岳》由远及近，由低至高，生动形象地展现了泰山的雄奇壮丽，让人心生向往。

泰山，古名岱宗、岱山，春秋时始称"泰山"。早在 3000 万年前，巍峨高耸的泰山就屹立在中华大地之上，见证着沧海桑田。在历史的沉淀中，泰山凭借无可比拟的壮丽风光和独一无二的历史文化被人们尊为"五岳之首"。

岱顶四大奇观

孔子云"登泰山而小天下"，登顶泰山，睥睨山河，是许多人游览泰山的目标。十八盘是攀登泰山最艰苦的一段路程，也是泰山最险处，从下面仰望，十八盘似云梯倒挂山间。不过虽然攀登过程艰辛，但岱顶的四大奇观会将一切疲惫一扫而光。

你知道吗？
一棵有官爵的松树

公元前 219 年，秦始皇封禅泰山，不巧途中遇雨，只好到松树下避雨，于是将那棵遮雨的松树封为"五大夫"（秦代九品官阶）。明代时因为山洪等原因，五大夫树不复存在。

蜿蜒曲折的十八盘

登泰山必观日出，"旭日东升"的壮观景象最为动人心弦，是岱顶奇观之一。清晨第一缕曙光撕开天地之间的黑暗，一轮红日喷薄而出，瞬间为万物镀上了奇幻的色彩，令人叹为观止。

泰山挺拔，高耸入云，于山顶之上观云雾缭绕，风云变幻，如海亦如幻的"云海玉盘"让无数人为之倾倒。

云雾弥漫的清晨或傍晚，站在岱顶顺光而视可以看到缥缈的烟雾上有彩色光环，呈现出"泰山佛光"的奇特风光。

"晚霞夕照"使层峦叠嶂的群山在巍峨雄奇之中平添了一份缠绵悱恻的温柔，夕阳为泰山镶上一道金色的光环，不时闪烁着动人的光辉，真可谓"江山如此多娇"。

说不尽的历史文化

泰山是古代封建帝王举行封禅仪式和祭祀天地的场所，建有众多的楼阁庙宇，比如岱庙、碧霞元君祠、普照寺等都是自成体系的古建筑群。其中碧霞元君祠位于泰山山顶南侧，里面供奉着传说中守护泰山的碧霞元君。

在泰山还可以看到许多石刻，位于斗母宫东北处的经石峪摩崖刻经是我国现存规模最大的佛教摩崖刻经之一，上面刻有《金刚经》44行，字径50厘米，经文书法遒劲有力、气势磅礴，被誉为"大字鼻祖"。

游山玩水的同时不要忘了品尝当地的特色美食，来泰山自然要体

看过泰山的日出才知道什么是旭日东升。

旭日东升

验泰山豆腐宴食俗。泰山豆腐宴食俗始于古代来泰山举行封禅大典的帝王"沐浴更衣，素食敬天"的饮食习俗。泰山豆腐宴以豆腐为主要原料制作宴席菜品，荤素兼备，种类丰富，游客们可以边吃着美食边了解帝王封禅泰山的历史知识，感受泰山的文化内涵。

经石峪

天下第一奇山

黄山位于安徽省南部，1990 年被列入世界文化与自然混合遗产名录。

黄山被誉为"天下第一奇山"，它兼有泰山之雄伟，华山之峻峭，衡山之烟云，庐山之飞瀑，雁荡之巧石，峨眉之秀丽。明代大旅行家徐霞客曾两次登临黄山，赞叹道："薄海内外无如徽之黄山，登黄山天下无山，观止矣！"黄山的美妙奇景由此可见一斑。

俊美的黄山风光

黄山迎客松

你知道吗?
五岳为什么没有黄山

据史书记载，"五岳"在汉代就已经被命名了，均位于我国经济开发较早的地区，而黄山直到唐代才有游人的踪迹，因此没有被列入"五岳"。

黄山之景天下绝

黄山以青松、山石、云海、温泉、冬雪五绝著称。群峰竞秀，怪石林立，唐代诗人李白有"黄山四千仞，三十二莲峰。丹崖夹石柱，菡萏金芙蓉"的诗句，高度赞美了黄山的峰石景观。莲花峰海拔 1864.8 米，是黄山的最高峰，置身峰顶，云山相接。它的北面是光明顶，是看日出、观云海的最佳去处。光明顶上的飞来石极为壮观，耸立于石台之上，似摇摇欲坠。

黄山的松树种类繁多，著名的有迎客松、黑虎松、蒲团松等，百松争奇竞秀，千姿百态。雨后初晴之时，无数山峰淹没在云海中，仿若仙境，蔚为壮观。冬日的黄山，银装素裹，高洁静谧，在日光的掩映下呈现出色彩缤纷的奇妙景象，令人陶醉。此时去泡一泡黄山温泉，近距离感受自然之美是再幸福不过的事情了。

天然植物园

走进黄山，你会被各种不知名的植物吸引，黄山的植被覆盖率达93%，是一座天然的植物园，在这里能看到黄山松、天女花、木莲、南方铁杉等珍稀植物。这里也是珍禽异兽的自由天地，梅花鹿、麋鹿、短尾猴时常在山间出没，八音鸟、相思鸟日夜在树间赛歌。还有悬岩而下的飞瀑声如洪雷，响彻云霄。极目远眺，点缀在群山峻岭间的寺庙楼宇更为黄山增添了一分文化气息。徜徉其中，仿佛与自然融为一体，舒心至极。

云海弥漫的群峰

你们不怕把"飞来石"踩翻吗？

这些石头千年不倒，才不怕我们两只小鸟呢！

飞来石

百科速览
黄山印象

徐霞客
↓ 中国明代的著名旅行家，毕生从事旅游考察事业。他死后，后人根据他的旅行日记整理出《徐霞客游记》一书，内容涉及地质、地貌、水文、动植物等各方面的知识，是一部地理名著。

黄山毛峰
↓ 中国传统名茶，产于黄山一带。茶色翠绿，茶香清高，因茶叶的芽尖如山峰所以叫"黄山毛峰"。

黄山画派
↓ 黄山灵秀的自然景观历来吸引了众多风景画家前来创作。在黄山山水的启发下，黄山画派在明末清初应运而生，是山水画派中颇具影响的一派。

黄山与黟山
↓ 黄山古称"黟山"，因峰岩色泽青黑而得名。相传轩辕黄帝曾在黄山采药炼丹，之后羽化升天。唐玄宗信奉道教，听说了这个故事后，将黟山改为黄山，意为黄帝之山。

看碧水丹山，品武夷岩茶

武夷山位于福建省武夷山市，1999年被列入世界文化与自然混合遗产名录。

武夷山有着典型的丹霞地貌，四面溪谷环绕，素有"碧水丹山""奇秀甲东南"的美誉。这里还是中国东南部最负盛名的自然保护区，保存着大量古老和珍稀的动物、植物物种，其中许多生物是中国独有的。2021年，武夷山国家公园被列入第一批国家公园名单。

船棺、僧道的庙观、朱子理学书院遗址、历代摩崖石刻……武夷山不仅有秀丽景色与丰富资源，还因悠久的历史文化和众多古迹享有盛名，实现了人文与自然的和谐统一。

九曲溪上看玉女峰

山水相融

红色砂岩经重力崩塌、雨水侵蚀和风化剥落的综合作用，形成了武夷山风景区的丹霞峰林。各种各样的奇峰、怪石、峭壁、岩洞，可谓奇幻百出。九曲溪在峰岩之间折成九道湾，坐着竹筏顺流而下，可见大王峰、玉女峰、天游峰和悬崖之上的船棺等胜景。

"中国传统制茶技艺及其相关习俗"于2022年被列入联合国教科文组织人类非物质文化遗产代表作名录，涵盖了绿茶、红茶、乌龙茶、白茶、黑茶等2000多种茶品。

武夷岩茶必须经过萎凋、做青、杀青等10道工序，少一项也不成！

武夷山下岩茶飘香

武夷山市气候温和，雨量丰沛，而且岩石风化后形成的土壤中有机质和矿物质含量较高，适合栽培茶树。武夷岩茶便是这里出产的一种乌龙茶，其品种众多，又以大红袍最为名贵，味道不苦不涩，有绿茶的清香、红茶的甘醇，又独具"岩骨花香"的神韵。

远看是森林，近看是茶林

普洱景迈山古茶林文化景观

位于云南省普洱市，2023 年被列入世界文化遗产名录。

普洱景迈山古茶林

"普洱景迈山古茶林文化景观"位于云南省普洱市澜沧拉祜族自治县，是保存完整、内涵丰富的人工栽培古茶林典型代表，由五片古茶林，九个布朗族、傣族村寨以及三片分隔防护林共同构成。几千年来，生活在这片土地上的人们，世世代代守护茶林，传承茶魂精神，林生茶，茶绕树，人养茶，与茶林共生共荣。小小的叶子，成就了自然与人最完美的相遇。

茶史"博物馆"

普洱景迈山古茶林文化景观是世界上第一个茶文化世界遗产，整个文化景观展现了中国茶叶起源的历史以及中国独有的种茶、制茶方式，同时也显示出了漫漫历史长河中，中国茶贸易、茶文化在世界领域的传播，证明了中国茶在世界上的主导地位。

人与茶林和谐共生

景迈山的气候、土壤、水文、局部地形地貌等自然条件特别适合大叶普洱茶生长和保存，而世代居住在景迈山上的民族千年来一直与茶相伴，以茶为生，创造了丰富多彩的茶文化。在有限的自然资源条件下各民族之间相互帮助，和谐共存；他们敬畏自然，在保护着景迈山生态稳定的前提下种植茶林，向世界展现了人类与环境和谐共生的生态智慧。

一览庐山真面目

庐山以雄、奇、险、秀闻名于世，它的地质地貌十分独特，断块山构造地貌、冰蚀地貌和流水地貌复合叠加，形成了"横看成岭侧成峰，远近高低各不同。"的奇景。庐山也因此被联合国教科文组织批准成为世界地质公园。

庐山国家公园位于江西九江市，1996年被列入世界文化遗产名录。

如琴湖

三叠泉

奇峰一绝

五老峰是庐山的奇峰之一，因五座山峰宛若并列的五位老翁而得名，这些峰峦有的像得道老僧，有的像孤傲渔翁……千姿百态，各有特色。庐山瀑布催生了诗仙李白"飞流直下三千尺，疑是银河落九天"的千古绝唱，五老峰下的三叠泉更是被称为"庐山第一奇观"，泉水层叠而下，气势如虹，不论俯视或仰望都很壮观。

人文庐山

庐山有奇峰秀水，更有人文之美。自古隐居、游历于庐山的文人数不胜数，他们在这里留下了数千首诗词名篇，影响深远。白鹿洞书院、东林寺、西林寺、牯岭镇保留的晚清至民国时期的别墅建筑群等，无一不诉说着我们的文化与历史。

人间仙境 梵净山

梵净山位于贵州省，2018 年被列入世界自然遗产名录。

梵净山的山名具有浓厚的佛教色彩，它是从"梵天净土"演化而来的。古人云"天下名山僧占多"，大自然造就了梵净山的奇异风光，而佛教徒则传扬了梵净山的灵山秀水。

一步一奇景

梵净山位于贵州江口县、印江土家族苗族自治县、松桃苗族自治县交界处。因其形似饭甑，当地人也称它为"饭甑山"。山体由元古界梵净群和板溪群轻变质岩组成，蕴藏多种金属矿。山高坡陡，峭壁耸立，溪壑纵横，悬瀑飞泻，林海茫茫。由于山间多云雨，湿度大，日照少，时常岚气弥漫。因此九皇洞、金顶和蘑菇岩一带有时可见"佛光"奇景，多出现于晨光暮色中。

你知道吗？
蘑菇石是什么

蘑菇石是一种特殊地貌。岩石下部遭受较强烈的风沙侵蚀，从而形成上部宽大，下部窄小的蘑菇状，被称为"风蚀蘑菇"。特殊的地质构造、气候条件、外动力地质作用等共同影响，再经过漫长的时间，才能形成蘑菇石。

生物资源基因库

梵净山的原始森林中，至今保留着大量第三纪、第四纪古老的植物种类，是世界上罕见的生物资源基因库。随着冬季的来临，山脊和山头的森林由上至下，只见一抹深绿沿着河谷向山下退缩，当地人称这种景象为"青龙下山"；而随着春天的来到，这抹绿色又从山下逐渐向上扩展延伸，两边配上姹紫嫣红、五彩缤纷的花朵，景观更为绮丽壮观，人们称之为"青龙上山"。茂密的植被为梵净山制造了别具特色的活动景观。

黔金丝猴的家园

1986 年，梵净山被辟为国家级自然保护区，主要保护对象为黔金丝猴、珙桐等珍稀生物及森林生态系统，现已被联合国教科文组织列入人与生物圈自然保护区网络。黔金丝猴是贵州省独有的国家一级保护动物，总数只有几百只，仅仅分布于梵净山。黔金丝猴栖息在梵净山海拔 1700 ~ 2200 米的山地阔叶林中，主要在树上活动，结群生活，有季节性分群与合群现象，主要以多种植物的叶、芽、花、果以及树皮为食。

三清山位于怀玉山脉的中段，因其三座峻拔的主峰玉京、玉虚、玉华犹如道教的玉清、上清、太清三位教祖列坐其巅而得名。区域内景观资源十分丰富，不仅千峰林立，竞相争奇，而且怪石遍布，形态各异。

你知道吗？

三清山和黄山是"姐妹"山吗

中国华南区域集中分布了不少花岗岩名山，黄山和三清山都是其中的佼佼者，因为地貌相近且为邻近的山脉，很多人把它们称作"姐妹山"。

三清山东方女神峰

奇峰怪石，仙风道骨

三清山位于江西省，是国家级风景名胜区、世界地质公园，于 2008 年被列入世界自然遗产名录。

罕见的自然奇景

受频繁而剧烈的造山运动的影响，在地底形成的花岗岩不断抬升，并经受上亿年的风雨侵蚀，形成了三清山的千峰万壑，以及丰富的花岗岩造型石。

三清山是世界级的花岗岩名山，拥有"天下第一仙峰""西太平洋边缘最美丽的花岗岩"等美誉。它展示了世界上已知花岗岩地貌中分布最密集、形态最多样的峰林，同时地貌形态能完整呈现地貌演化过程，极具代表性。

三清山有大面积原始次生林，全山植被覆盖率达到 89.7%。独特山体与繁茂植被的结合，再有浩荡云海与绚丽霞光的点缀，使山上的景观变幻莫测。除了丰富的植物资源，生活在这里的野生动物也种类繁多。

其中许多古迹保存到了今天，所以三清山又被评价为"中国古代道教建筑的露天博物馆"。

更具特色的是，遍布全山的古建筑，以三清宫为中心，按八卦布局，设计精巧，是研究我国道教古建筑设计布局的独特典范。

三清宫

悠久的道教文化

总是云雾缭绕的三清山自古便受到道家青睐，享有"清绝尘嚣天下无双福地，高凌云汉江南第一仙峰"的美誉。据史书记载，自东晋炼丹术士葛洪到此结庐炼丹，宣扬道教教义后，三清山便与道教文化结下渊源。从唐代开始，到明代鼎盛，三清山上兴起大批道教建筑，

百科速览
道家印象

道教
↓ 以"道"为最高信仰的中国传统宗教，历史悠久，典籍文献非常丰富。

葛洪
↓ 中国东晋时期的道士，医药学家。字稚川，自号抱朴子。葛洪精通丹道与医术，其炼丹术对后世医学影响甚大。

太极八卦图
↓ 八卦由"乾、坤、震、巽、坎、离、艮、兑"对应的八种图形组成，是古人用于占卜的符号。八卦之中的太极图有黑白对称的鱼形纹，表示阴与阳的轮转。

《抱朴子》
↓ 晋代葛洪编著的一部道教典籍，成书于东晋建武元年。"抱朴"是一个道教术语，意思是"持守本真，不为外物所诱惑"。

钟灵毓秀是武当

建筑与山融为一体，妙哉，妙哉。

武当山古建筑群位于湖北省十堰市，包括太和宫、南岩宫、紫霄宫、遇真宫四座宫殿和各宫殿遗址以及各类庵堂祠庙等。1994 年被列入世界文化遗产名录。

武当山雪景云海

人杰地灵，名满天下

　　武当山又叫"太和山"，它地势挺拔，南有原始森林神农架，北有高峡平湖丹江口水库，青山绿水孕育了武当山的人杰地灵。唐太宗李世民在此建造五龙祠，此后历代把武当山作为皇室家庙的修建地。相传，东汉时期的阴长生、晋代的谢允，唐代的吕洞宾、元明年间的张三丰等人都曾经在这里修炼，张三丰更是开创了名满天下的武当派。

南岩宫

百科速览
道山有道人

吕洞宾

↓　吕洞宾是唐末、五代时期的道士，同时也是民间神话传说中的"八仙"之一，号纯阳子，自称"回道人"。

张三丰

↓　张三丰是元明时期的著名道士，字君宝，据说他身材魁梧，不修边幅，所以也有人称他为"邋遢道人"。在民间传说中，张三丰正义凛然，经常为百姓打抱不平。

武当山的宫与观

太和宫

太和宫位于天柱峰南侧山腰，有 20 余栋古建筑。其中，位于天柱峰顶端的金殿最为著名，金殿是中国现存最大的铜铸建筑物。

紫霄宫

紫霄宫又叫"太元紫霄宫"，是武当山八宫、二观中保存最完整的建筑，位于武当山展旗峰下，有龙虎殿、十方堂、紫霄殿、父母殿等建筑，其中紫霄殿为主殿。

复真观

复真观是按照真武修炼的故事精心设计的，包括回龙观、老君堂、八仙观等景点。相传真武在黄帝时期是净乐国的太子，所以复真观也被称为"太子坡"。

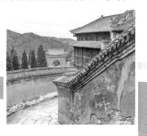

错落有致的古建筑

武当山不仅仅只是一座山，它拥有着一座座规模宏大、气势雄伟的古建筑群。从唐代开始，武当山上就有了建筑的身影。之后，各朝皇帝都热衷于在武当山上修建宫观殿堂，形成了以金殿为核心的九宫、九观、三十六庵堂、七十二岩庙的古建筑群体系。经过几百年的洗礼，如今，武当山古建筑群现存的古建筑仅有 49 处。

武当山上的古建筑群在明代逐渐形成规模，并成为明代最大的皇家宫观建筑群，山上的宫殿、道观、庵堂、岩庙等古建筑集中体现了元、明、清三代道教建筑和艺术的最高水平。

大自然也有马良的神笔

五台山位于山西省五台县，2009年被列入世界文化遗产名录。

五台山是驰名中外的佛教圣地，传说是文殊菩萨的道场。而五台山又以其建寺历史之悠久、规模之宏大，居佛教四大名山之首。此外，五台山在日本、印度、斯里兰卡、缅甸、尼泊尔等国亦享有盛名。

华北屋脊

五台山，属北岳恒山山脉。其中的北台峰峰顶是五台山最高的山峰，有"华北屋脊"之称。五台山并非只有一座山，它是由一系列大山、群峰构建而成。五台山因峰顶平坦宽阔，如垒土之台，故称"五台"。东台为望海峰，在此可观云海日出，云海尽头红日如喷；西台是挂月峰，在此可以赏清风明月；中台是翠岩峰，拥有巨石堆积而成的地质奇观；南台是锦绣峰，能遍观随风起舞的花海；北台是叶斗峰。五座高峰山势雄伟，构成了五台山的奇色异景。

世界遗产我知道

五台山与安徽九华山、四川峨眉山、浙江普陀山并称为"中国佛教四大名山"。

传奇地貌

五台山的传奇之处不只在自然风光，它的地质地貌更是奇特。因地处华北大陆的腹地，它的地貌古老而奇特。因地壳运动和地质构造的不同，五台山完美地展现了25亿年前的古老地层。在漫长的演变过程中，五台山拥有了它独有的风景——冰川地貌、高山草甸景观，还有第四冰川所形成的冰原地貌奇观。

金顶佛光照大千

峨眉山是我国佛教四大名山之一，相传是佛教中普贤菩萨的道场。远观这座名山，山峰两两相对，形如蛾眉，所以取名峨眉山。自古以来，峨眉山因为奇秀的自然景观、悠久的人文古迹与良好的生态环境，深受人们喜爱。

峨眉山（包括乐山大佛）景区处于四川盆地，以优美的自然风景和悠久的佛教文化完美结合而驰名。1996 年被列入世界文化与自然混合遗产名录。

峨眉天下秀

峨眉山位于四川盆地西南部。峨眉山包括大峨山、二峨山、三峨山、四峨山四座大山。大峨山为峨眉主峰，就是人们经常提及的峨眉山，海拔 3079.3 米。大峨山与二峨山两山相对，远远望去，双峰如蛾眉般对称。三峨山风景秀丽，被称为"美女峰"。四峨山棱瓣如花，当地也称作"花山"。四座大山雄峻陡峭、山势伟岸，与周围一马平川的成都平原相比，颇有横空出世之感，所以唐代诗人李白游览后才写出"峨眉高出西极天""蜀国多仙山，峨眉邈难匹"的诗句。峨眉山上的主要佛寺有建于明万历年间的报国寺，建于东晋的万年寺。万年寺中有高 7.35 米的铜铸普贤乘坐六牙白象巨像，重达 62 吨，至今已有千年历史。

你知道吗？

金顶之上有金佛

峨眉山顶峰之处的金顶有座闻名天下的四面十方之普贤金像，它是世界上最高的金佛像，也是世界上第一个十方普贤的艺术造型。

西湖十景，美不胜收

2011 年，位于浙江省杭州市的"**杭州西湖文化景观**"被列入世界文化遗产名录。

听说西湖有三怪：孤山不孤，长桥不长，断桥不断。

人们都说"上有天堂，下有苏杭"，杭州最著名的景观便是西湖，以秀丽清雅的湖光山色，璀璨丰富的文物古迹和文化艺术闻名。西湖又称"西子湖"，因苏轼诗句"欲把西湖比西子，淡妆浓抹总相宜"而得名。

此景只应天上有

西湖三面环山，植被繁茂，林木以常绿落叶阔叶混交林为主，色彩四季各有不同。随着时节轮转，气象变化，西湖总会呈现出不一样的胜景，有人说："晴湖不如风湖，风湖不如雨湖，雨湖不如月湖，月湖不如雪湖。"

西湖之美，在于自然山水，也在于点缀其间的文物古迹、寺庙古塔与碑刻造像。绵延的山与建筑景观衬托着西湖，清澈碧绿的湖水又将周边的一切倒映在水中，各色景物融为一体，自然景观与人文景观完美结合，展现着江南水乡无与伦比的魅力。

西湖十景之曲院风荷

西湖十景之柳浪闻莺

你知道吗？

什么是混交林

由两种或两种以上树种组成的森林。由于林木结构复杂，混交林在涵养水源、保持水土、防风固沙、维持和提高林地生物多样性、增强植物抗病虫害能力等方面均具有较大优势。

不能不看的西湖十景

苏堤春晓
每年 3～4 月，苏堤两旁杨柳夹岸，艳桃灼灼，一副生机盎然的景象。

平湖秋月
秋月当空时，在白堤西端观赏，可以看到月光与湖水交相辉映。

断桥残雪
大雪过后，断桥在雪雾中时隐时现的冬日美景。

雷峰夕照
每到黄昏，雷峰塔傲立在夕阳余晖中，显得格外神圣。

南屏晚钟
南屏山上的净慈寺夜晚撞钟，钟声在山林间悠扬飘荡。

曲院风荷
西湖西侧的曲院内有大片荷花池，种植珍稀名贵的荷花品种，是赏荷佳地。

柳浪闻莺
西湖东南岸有闻莺、友谊、南园和聚景四个景区，花开树绿时常有黄莺穿梭鸣叫。

花港观鱼
苏堤南段以西，一处集花、港和游鱼于一体的景点。

双峰插云
西湖的西南、西北各有一座山峰，云雾弥漫时，两峰宛如直插云霄。

三潭印月
一座湖中岛屿，岛的内湖上又有三座石塔，能在湖面上映出月影般的光。

从历史中走来的西湖

杭州西湖从唐代开始逐步成为风景湖泊。曾在杭州任职的唐代诗人白居易，北宋词人苏轼不仅在这儿留下许多吟咏西湖的名篇，还兴修水利，造福百姓。苏堤便是苏轼任杭州知州时主持修筑的长堤。同样在西湖治理过程中形成的景观还有赵堤、杨堤、三潭印月等。自南宋以来，西湖的园林名胜景观慢慢形成了"西湖十景"的集称。清代康熙、乾隆皇帝还先后为西湖十景题写景名和十景诗。

中国石窟，不朽传奇

石窟，又称"石窟寺"，是开凿于山崖上的古代庙宇，最早出现在印度，3世纪时，通过丝绸之路传到中国，并与中国传统的建筑、雕塑、绘画艺术相融合，形成具有中国特色的石窟。今天我们能在许多地方看到这些巧夺天工的人类杰作。

莫高窟

位于甘肃省敦煌市，1987年被列入世界文化遗产名录。莫高窟俗称"千佛洞"，至今已有1600多年历史，现存洞窟492个，是世界上现存规模最宏大的、保存最完好的佛教艺术宝库，被誉为"东方艺术明珠"。

石窟艺术殿堂

石窟和一般的庙宇不同，它通常开凿在陡峭的山崖上。根据山体情况，匠人们研究出很多科学开凿石窟的方法，石窟的样式也多种多样。

不同形制的石窟

就像房屋有着不一样的造型一样，看起来大同小异的洞窟也有着不一样的窟形。

中心塔柱式窟

洞窟中放有一座佛塔或塔柱。

覆斗式窟

洞窟的顶部就像一个倒扣着的碗。

背屏式窟

一块像屏风一样的石壁被放置在洞窟里。

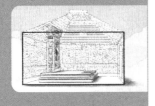

龙门石窟

龙门石窟位于河南省洛阳市，2000 年被列入世界文化遗产名录。龙门石窟营造于公元 493 年，以佛龛造像闻名于世。这座始凿于北魏年间的佛教艺术宝库，以其珍贵而独特的艺术价值在国人心中占有举足轻重的地位。石窟内共有 10 万余尊造像，其中最小的只有 2 厘米高，最大的则高达 17.14 米。

远眺龙门石窟

碑刻题记

龙门是中国石窟题记最多的石窟。碑刻题记中记载了北魏时期到唐代时期皇室和大臣的造像功德记。北魏时期著名的造像题刻有安定王元燮、广川王元略、齐郡王元祐、北海王元祥等。唐代著名的造像题刻有魏王李泰、道王李元庆母、纪王李慎母、中山郡王李隆业、太宗女豫章公主等。此外，龙门石窟中还刻有《金刚般若波罗蜜经》《佛顶尊胜陀罗尼经》等佛教经典，以及药方洞的古药方。这些碑刻题记是研究龙门石窟开凿历程、古代医药、佛教宗派、行会制度和中外文化交流的珍贵资料。

药方洞外景

云冈石窟

位于山西省大同市，2001年被列入世界文化遗产名录。云冈石窟至今有1500多年历史，佛教高僧昙曜在此开凿了昙曜五窟。昙曜五窟规模雄伟，技法娴熟，其中高达13.7米的露天大佛是云冈石窟的象征。云冈石窟佛教群的艺术风格可谓中西合璧，它既有明显的西域文化特点，又闪烁着汉文化的精髓之处。尤其是后期的雕塑，更是尽显纯粹的汉文化风格。这里的佛像造型气势宏伟，内容更是丰富多样，被世人称为"中国石刻艺术之冠"。

露天大佛

云冈石窟重点洞窟速览

第1窟
俗称"石鼓洞"，外壁明窗东侧保留了清代朱廷翰题刻的《游云冈石佛寺》诗句。

第2窟
俗称"寒泉洞"，因其北壁西端常年有细泉流出。

第3窟
又名"灵岩寺洞"，是云冈石窟中规模最大的洞窟，洞窟形制较为特殊。

第4窟
塔庙窟，一门两窗。由于工程没有全部完成，洞窟内外地面凹凸不平，石窟整体显得有些零乱。

第5窟
位于云冈石窟群中部，第5窟与第6窟是统一设计、建造的双窟。

第12窟
因前室出现大量演奏乐器的造像而得名"音乐窟"。

第15窟
四壁齐耸，千佛排列，直达窟顶，俗称"万佛洞"。

第16～20窟
云冈石窟中最早开凿的一组洞窟，因是著名高僧昙曜主持营建，故称"昙曜五窟"。

精妙绝伦的技艺

云冈石窟现存洞窟45个，石雕造像达5.1万多尊，是中国最大的石窟群之一。云冈石窟保存了大量北魏佛教雕刻艺术。昙曜五窟代表着北魏石窟艺术早期成就，既有外来佛教艺术的内容，又继承了汉代深沉的艺术传统，造型浑然天成。很多洞窟中高大的主佛身躯魁伟，面相端严，栩栩如生，让人产生敬畏的心情。另外，云冈石窟中一大批反映建筑、音乐、舞蹈的艺术形象，是了解、研究中国古代建筑、音乐、舞蹈等艺术的重要资料。

大足石刻

位于重庆市大足区，1999 年被列入世界文化遗产名录。大足石刻是唐宋时期杰出的石窟和摩崖石刻。作为我国唯一的儒、释、道三教融会的石窟造像群，大足石刻分布于 40 余处，造像总计 5 万多尊，铭文 10 万余字，造像众多、技艺精湛、底蕴深邃，是中国石窟造像艺术的典范。

宝顶山

宝顶山位于大足区龙岗街道东北 15 千米处。僧人赵智凤于南宋淳熙六年（1179）在此建圣寿寺、开凿石窟，历时 70 余年建成。建成之后，宝顶山成为一座拥有近万尊造像的大型佛教密宗石窟道场。华严三圣像是宝顶山摩崖造像的杰出代表。

华严三圣像

日月观音像

北山

古名龙岗山，日月观音像等北山摩崖造像主要集中在佛湾，其余散布在多宝塔（北塔）、营盘坡、观音坡、佛耳岩等处。北山摩崖造像近万尊，以雕刻细腻、艺精技绝、精美典雅而著称于世，展示了晚唐、五代、两宋时期，中国民间佛教信仰及石窟艺术风格的发展、变化。

自然生态

"晋太元中，武陵人捕鱼为业。缘溪行……"东晋诗人陶渊明创作名篇《桃花源记》描写了自己心中的武陵奇景，此后，文人墨客竞相吟咏歌颂桃花源式的武陵源。

武陵源景色奇丽壮观，碧水环抱青山，山间云雾缭绕，如至仙境，让人如梦如幻。在这里你可以漫步在青翠葱郁的林间小道，聆听溪流潺潺水声；也可以去幽静的山谷，感受大自然的静谧，或者到黄龙洞来一场冒险，探索奇特的溶洞景观。

金鞭溪

世间真有"桃花源"

武陵源风景名胜区位于湖南省张家界市武陵源区，**1992 年被列入世界自然遗产名录。**

三千奇峰，秀水八百

在武陵源随处可见奇峰怪石、断崖绝壁，这种独特的石英砂岩峰林地貌景观国内外罕见，称为"张家界地貌"。武陵源共有 3000 多座石英砂岩峰柱，蔚为壮观。据说，电影《阿凡达》的取景地之一就是武陵源，站在这里我们可以忆起电影里奇幻瑰丽的场面。武陵源水绕山转，泛舟漫游于宝峰湖，千山耸翠，沁人心脾；或静坐于金鞭溪旁，看溪水流淌，听流水淙淙，落日余晖下的金鞭溪色彩层叠，美不胜收，幸运的话还能见到捕食的娃娃鱼。秀美壮丽的山水风景为武陵源赢得了"三千奇峰，秀水八百"的美誉。

童话世界九寨沟

九寨沟风景名胜区位于四川省阿坝藏族羌族自治州九寨沟县。1992 年被列入世界自然遗产名录。

九寨沟的美妙风景离不开奇特的地质地貌环境。九寨沟地处青藏高原向四川盆地过渡地带，新构造运动强烈，地壳抬升幅度较大，多种营力交错作用，形成了大规模喀斯特作用的钙华沉积，从而造就了独特的钙华水景。

九寨沟，顾名思义，以有九个藏族村寨而得名。这里风景如画，山水草木相得益彰，人与自然和谐共处，是大自然馈赠给人类的童话世界。在这里你可以放松身心，感受自然风光带来的无限宁静与愉悦；在这里你可以陶冶情操，每一处风景都能让你洗尽铅华、灵感顿发；在这里你可以真正把自己托付给大自然，过往的哀伤、未知的惆怅都将在此刻得到治愈。

水是九寨沟的精灵

世人用"九寨归来不看水"来赞叹九寨沟的壮美水景，湖泊、溪流、瀑布、河滩连缀一体，动静结合、刚柔并济。水像一位精灵，在这个奇妙的地质环境中尽情施展魔法，构建了一个生动的水景世界。去看中国最宽的瀑布——诺日朗瀑布，滔滔水声，震撼人心；去看秀美多彩的五彩池，清波荡漾，宁静幽美；去看湖面如镜的镜湖，倒影胜实景，一湖看尽无限风光；去看波光粼粼的珍珠滩，激流溅起的无数碎浪宛若珍珠，耀眼夺目。

当地人把湖泊称为海子，九寨沟共有 108 个海子，这 108 个海子或色彩斑斓，或波平如镜，如一颗颗炫美的宝石点缀在山林之间。

生物的乐园

九寨沟不仅风景怡人，还是许多动植物的乐园。这里有 74 种国家保护珍稀植物，有 18 种国家保护动物。火红的枫树、浓绿的冷杉、黄灿灿的椴树，各种树木像一块块彩色画布在山间展开，构建起了一片五彩缤纷的彩林，漫步其中如走在梦幻乐园。

有时还能偶遇小松鼠吃松子，金丝猴在树间穿梭，绿头鸭在水面上梳理羽毛，让人仿佛置身于奇妙的动物王国。

人间瑶池 黄龙

黄龙风景名胜区位于青藏高原东部边缘和四川盆地西部的交接带，隶属于四川省阿坝藏族羌族自治州松潘县，1992 年被列入世界自然遗产名录。

黄龙风景名胜区内既有五彩的钙华地表，壮观的山林风光，巍峨高大的雪峰与幽深静谧的峡谷，又有独特的古寺和民俗，人们把这片美丽的地方称作"人间瑶池"。这里还保存着许多珍稀植物与国家重点保护野生动物，于 2000 年被联合国教科文组织列入人与生物圈自然保护区网络。

黄龙沟雪宝顶

世界遗产我知道

人与生物圈计划是联合国教科文组织发起的一项科学计划，它的目的是整合自然科学和社会科学的力量，合理及可持续地利用和保护全球生物圈资源，增进人类及其生存环境之间的关系。人与生物圈保护区就是由所在国设立、由人与生物圈计划认定的特定场所。

池水中的水生群落所含叶绿素深浅不同，在富含碳酸钙质的湖水里，就会呈现出五彩的颜色。

冬天的五彩池

丰富多变的地质景观

黄龙的地质景观层次丰富，空间多变。复杂的地质演变历史令这片土地成为一处典型的高山峡谷区，山峰与谷底的落差达几千米。景区内海拔5000米以上的高峰有七座，最高峰是岷山主峰雪宝顶，海拔5588米，山顶的积雪融化时形成了众多瀑布悬流和彩池。喀斯特峡谷地带虽没有雪峰那般巍峨壮观，却山崖陡起、水景丰富、植被繁茂。黄龙地区还留下了大量第四纪冰川遗迹，如角峰、冰蚀堰塞湖、刃脊等，具有重要的科研价值。

扎嘎瀑布

你知道吗?

哪里能看到金丝猴

金丝猴在四川、云南和贵州都有分布，其中四川金丝猴的毛色最为艳丽。

积淀万年的钙华景观

钙华又称"石灰华"，是喀斯特地区河水、湖水或泉水等水体在一定条件下沉淀析出的碳酸钙沉积。黄龙景区中最具特色的就是丰富的地表钙华景观，钙华彩池、钙华滩、钙华瀑布、钙华洞穴、钙华台、钙华盆景等一应俱全，堪称"天然钙华博物馆"。

钙华奇观集中分布在四条沟谷中，其中黄龙沟内巧妙地组接着几乎所有钙华类型，构成一条金色"巨龙"，腾翻于雪山林海之中。

垂直分布的动植物资源

黄龙景区还拥有优良的气候环境与生态资源。从沟底到高山部分，随着海拔升高依次分布常绿阔叶林、针叶阔叶混交林、针叶林、高山灌丛草甸等，形成了显著的垂直分布，许多植物具有重要的科研、药用和经济价值。其中，国家重点保护野生植物种类繁多，有四川红杉、南方红豆杉、连香树、独叶草、红花绿绒蒿等珍稀品种。

多样的森林生态系统为许多濒危动物提供了宝贵的栖息地，保护区内能见到大熊猫、扭角羚、云豹、金丝猴等被列入国家重点保护野生动物名录的一级保护动物。当地通过严格管理，控制了旅游业对生态环境带来的影响，确保动植物得到良好保护。

地表钙华滩流景观

黄龙盆景池

华中屋脊，物种宝库

神农架地处湖北省西部，2016 年被列入世界自然遗产名录。

神农架，地处我国地势第二阶梯东部边缘，境内高山巍峨，植被茂盛，素有"华中第一峰""华中屋脊"之称。远古时期，此处一片汪洋，历经沧海巨变，如今这里俨然成为人间仙境，像一幅精致而美丽的山水画卷，吸引着四海游客的目光。

横看成岭侧成峰

神农架高山区山脉呈东西走向，平均海拔 1700 米，海拔超过 2500 米的山峰超过二十座，海拔达 3000 米的山峰则有六座之多。众多高峰重叠于此，令神农架峰峦壮观的程度不输千里之外的庐山。群山之中总会有那么一两座高峰能让人发出"会当凌绝顶，一览众山小"的惊叹，神农顶就是这样一座高峰，它海拔达 3106.2 米，乃"华中第一高峰"，素有"华中屋脊"的美誉。若能亲自登上神农顶，在呼吸到世间最新鲜的空气时，切不可忘记瞭望远方，俯瞰山下，因为还有更多奇美之处等着你亲手揭开面纱。

完美的生物避难所

因为地理条件特殊，在第四纪冰川期肆虐全球的时候，神农架所在地区却躲过了灾难，非常完整地保存了原生生物群落，成为地球上许多古老植物的完美"避难所"。众多珍稀动物也聚集在这里，与神农架的山水草木共同构成世界上最完整的亚热带森林生态系统。

神农架自然保护区内现存高等植物3200多种，树木种类1000余种。除此之外，神农架一半以上的植物能做中草药材使用，如头顶一颗珠、党参、七叶一枝花等，称其为"天然中药库"一点都不为过。

珍稀动物的乐园

神农架动物种类繁多，这里既有南方的苏门羚、毛冠鹿、灵猫、云豹、太阳鸡，又有北方的青鼬、狐等野生动物，共计570多种，其中稀有、珍贵的有20种以上。

神农架动植物不仅数量庞大，还具有全球意义的生物多样性，于1990年被联合国教科文组织接纳加入人与生物圈自然保护区网络。现已建成面向亚洲的生物多样性保护示范点，被公认为具有国际意义的生物多样性研究与保护的关键地区之一。

神农架的金丝猴

神农架的树种很丰富，有着极优越的自然环境。

世界遗产我知道

传说远古洪荒年间，神农氏在川、鄂、陕三地交界处尝百草，为天下百姓医治百病，百姓为了纪念他，便将他尝百草的地方称为"神农架"。

神农架盛开的野花

天堂还是**地狱**

可可西里地处青藏高原腹地，是目前世界上原始生态环境保存最完美的地区之一。2017 年被列入世界自然遗产名录。

可可西里，意为"美丽的少女"，它是目前中国建成的面积最大、海拔最高、野生动物资源最为丰富的自然保护区之一。可可西里地区空气稀薄，氧气含量不及平原地区的一半，加之植被稀疏、淡水缺乏、气候恶劣、生存条件差，自古就是无人居住区，被称为"世界第三极""生命的禁区"。然而可可西里却给高原野生动物创造了得天独厚的生存条件，成为"野生动物的乐园"。

可可西里雪山

卓乃湖

可可西里在哪里

在大多数国人的心目中，可可西里的位置是模糊的，到底是在西藏还是在青海，没有多少人清楚。

可可西里横跨青海和西藏两个省区，因可可西里山而得名，其地理概念是以可可西里山为主体的邻近山原湖盆地区。它的南面是唐古拉山脉，北面为昆仑山脉，西至青海省界，东面是青藏公路。

人们所说的青海可可西里，实际上指的是"可可西里国家级自然保护区"，位于青海省玉树藏族自治州西北部。可可西里国家级自然保护区是我国目前建成的最大的无人区自然保护区之一。区内湖泊、冰川、河流、沼泽广布，是中国巨大的固体水库，也是重要的高原湿地宝库。保护区是高寒荒漠生态系统和高原湿地生态系统有机结合的区域，在青藏高原具有代表性和特殊性，被称为"万山之宗""千湖之地""动物王国"。

野生动植物的王国

可可西里自然保护区是目前世界上原始生态环境状态保存最好的地区之一，也是最后一块保留着原始状态的自然之地。严酷的自然环境让可可西里成为无人区。然而，特殊的自然环境却养育了独特的动植物种群。因为受人为影响较小，可可西里成为青藏高原珍稀动物基因库，其动物种群密度之大、数量之多远远超过其他任何地区，称得上是"野生动物王国"。这里不仅有国家一级保护动物藏羚羊、野牦牛、藏野驴、白唇鹿、雪豹，还有盘羊、藏原羚、猞猁、兔狲、藏狐等二级保护动物。

可可西里自然保护区内的野生植物资源也较为丰富，主要植被类型有高寒草原、高寒草甸和高寒冰缘植被。另有少量分布的高寒荒漠草原、高寒垫状植被和高寒荒漠等植被。垫状植物资源特别丰富，有 50 种，占全世界的三分之一。

藏羚羊

藏野驴

野牦牛

藏羚羊

野牦牛

藏原羚

藏野驴

世界遗产我知道

可可西里能够入选世界自然遗产名录的一个重要因素，就是因为这里有着特殊的生态系统，特别是拥有众多适应高原缺氧环境的珍稀野生动物。让我们一起认识可可西里十大高原动物"明星"。

你知道吗?

藏羚羊为什么能在高原生活

藏羚羊鼻腔宽阔，鼻孔较大，每个鼻孔内还有一个小气囊，可以帮助呼吸。有了这些特殊的结构，藏羚羊就能以 80 千米的时速在空气稀薄的高原上奔跑。

高原鼠兔

藏棕熊

黑颈鹤

胡兀鹫

青海沙蜥

刺突高原鳅

栖息地——生命的约定

黄（渤）海候鸟栖息地（第一期）

该栖息地位于黄海生态区——江苏盐城黄海湿地。2006年被列入世界自然遗产名录。盐城，东临大海，因产盐多而得名。这里有着亚洲最大的沿海滩涂湿地，面积4000多平方千米，有着"东方湿地之都"的美称。

盐城黄海湿地气候温和，光照充足，雨水丰沛，形成了与其他地域不同的动植物群落，同时保持了滩涂栖息地类型和底栖动物种类的多样性。人们在这里记录到了23种被列入世界自然保护联盟红色物种名录的全球受威胁物种，包括勺嘴鹬、白鹤、青头潜鸭3种极危物种，黑脸琵鹭、栗头鳽、东方白鹳、丹顶鹤、中华秋沙鸭、小青脚鹬、大滨鹬、大杓鹬8种濒危物种；还有很多易危物种和近危物种。

丹顶鹤

在盐城黄海湿地的众多物种中，有两位超级明星，其中之一便是被誉为"仙鹤"的丹顶鹤。由于人口增长、荒地开发、农药使用、人为猎杀等原因，丹顶鹤日渐稀少。目前，全球的野生丹顶鹤不足2000只，1999年之前在盐城越冬的丹顶鹤维持在800～1000只，难怪这里有"丹顶鹤第二故乡"之称。

麋鹿

　　俗称"四不像"，麋鹿在我国生活了数百万年。但18世纪，中国境内的野生麋鹿种群几乎灭绝，仅在北京南苑养着两三百头，专供皇家狩猎。1986年，我国从英国引进39头麋鹿，经过多年努力，这里的麋鹿数量已经达到4000多头。

四川大熊猫栖息地

　　目前全世界30%以上的濒危野生大熊猫都生活在四川大熊猫栖息地。四川大熊猫栖息地包括邛崃山和夹金山的七个自然保护区和九个景区，是全球最大、最完整的大熊猫栖息地，也是最重要的圈养大熊猫繁殖地。2006年四川大熊猫栖息地被列入世界自然遗产名录。

　　这里也是小熊猫、雪豹及云豹等全球濒危动物的栖息地。栖息地还是世界上除热带雨林以外植物种类最丰富的地区之一，生长着属于1000多个属种的5000～6000种植物。

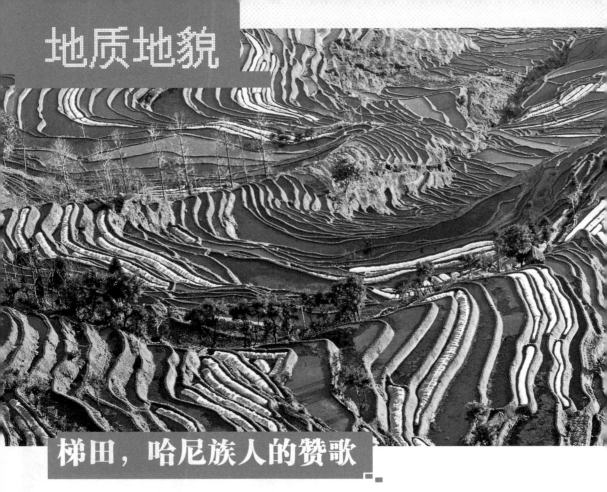

梯田，哈尼族人的赞歌

红河哈尼梯田文化景观位于云南省南部，壮美的梯田绵延分布在哀牢山区、红河南岸，2013 年被列入世界文化遗产名录。

哀牢山地势险峻，全长约 450 千米，海拔一般在 2000 米以上。在崇山峻岭之间，勤劳的哈尼族人艰苦劳动，开垦出一块块梯田。这些梯田面积约有 1000 平方千米，其中大的有数千平方米，小的还不足 1 平方米。从海拔 144 米的深山河谷，到海拔 2000 米的陡峭山坡，每一寸土地都见证了哈尼族人征服自然、利用自然的艰辛。

世界农耕文明史上的奇迹

哈尼族人生活的区域降水丰富，但多山多峡谷，不利于发展农业。哈尼族人根据不同的地形和地势，依山开垦梯田，并通过一条条水沟，将山顶终年不断的山泉水引入梯田，形成完全自流的灌溉网络。

千百年来，哈尼族人充分发挥自己的智慧，搭建起"森林—水系—梯田—村寨"相辅相成的原始农业良性生态系统：山顶的森林可以储存灌溉所需的水，是梯田的命脉。木材可以用来建房子、做饭和生火。雨水和泉水沿着数百千米长的沟渠流淌，可以为村民提供水源、灌溉土地。

古老的哈尼族

哈尼族是中国的少数民族之一，有"哈尼""卡多""豪尼""碧约""白宏"等不同的自称。早在1300多年前，哈尼族人就来到了哀牢山居住。哈尼族服饰色彩斑斓，有100多种不同的款式，但他们崇尚黑色，故全身的服饰以黑色为主。因为哈尼族人种植靛草，所以青色也是服饰中常见的颜色之一。此外，红、黄、绿、蓝也常用来装饰服饰。

哈尼族传统服饰图案

有趣的蘑菇房

哈尼族的房屋看起来就像蘑菇，所以人们叫它"蘑菇房"。相传远古的哈尼族人居住在山洞里，外出劳作很不方便。后来他们来到了一个长满蘑菇的地方。蘑菇不怕风吹雨打，还能让小动物们在"伞"下栖息，于是聪慧的哈尼族人照着蘑菇的样子修建了蘑菇房。

蘑菇房一般分为三层，底层用来养殖牲畜，各种农具一般也放在这里；中间一层是人们居住的地方，做饭、睡觉、接待客人都在这里；顶层是仓库，用来存放粮食等。

你知道吗？

彩色梯田

哈尼梯田的颜色会随着四季的变化而发生变化，比如夏季呈绿色，秋季呈黄色，冬季呈红、兰、紫等杂色。

哈尼族人的蘑菇房

地球演化的教科书

云南三江并流保护区位于云南省西北部山脉地区，2003 年被列入世界自然遗产名录。

三江并流是一部地球演化的历史教科书，峡谷内沟壑纵横，幽深却不荒芜，热闹而非浮躁。保护区汇集了高山峡谷、雪峰冰川、丹霞地貌、激流险滩、高原湿地、森林草甸、高山湖泊等奇观异景。

三江并流区域的金沙江段

三条永不交汇的大江

20 世纪 80 年代，一位联合国教科文组织的官员面对着一张卫星遥感地图，瞪大眼睛，不敢置信。在图上，赫然有三条永不干涸的大江并行奔腾着，这一地区就在中国云南省，这三条大江就是金沙江、澜沧江和怒江。

金沙江、澜沧江、怒江共同发源于号称"世界屋脊"的青藏高原，一路南下，豪迈狂放。进入云南境内，在横断山区纵谷的险要地势下，三江受到了前所未有的约束，开始并行奔流。形成世界上罕见的"江水并流而不交汇"的奇特自然地理景观。

怒江大峡谷

世界遗产我知道

"三江并流"地区占中国国土面积不到 0.4%，却拥有全国 25% 的动物种数。目前这一区域内栖息着多种珍稀濒危动物，有滇金丝猴、羚羊、雪豹、孟加拉虎、黑颈鹤等 77 种国家级保护动物。

澜沧江大峡谷

金沙江

古称"绳水"，过去曾有人在江上采金沙、炼金，故称"金沙江"。金沙江指长江上游自青海省玉树市巴塘河口至四川省宜宾市的一段，全长 2308 千米。金沙江河谷深切，地形闭塞，自然景观别具一格。

怒江

怒江得名有两种说法，一说因流域内有怒族人民居住而得名；另一说因江流急湍，在高山峡谷内奔腾咆哮，声如怒吼而得名。怒江全长 3240 千米，流域面积 28 万平方千米。源于西藏自治区境内的唐古拉山的吉热格柏。

澜沧江

河流上游在中国，中、下游在缅甸、老挝、泰国、柬埔寨和越南。澜沧，傣语意为百万大象，澜沧江为百万大象之江。澜沧江有两个源头，东源扎曲，西源昂曲，都发源自青藏高原中部唐古拉山的查加玛西侧，流经青海省与西藏自治区，两个源头在昌都汇流后始称澜沧江。

丰富多样的地貌

复杂多样的地质构造奠定了三江并流区域多种多样的地貌类型，河流的侵蚀、冰川的刨蚀，雕刻出深邃险峻的大峡谷、瀑布飞泉、冰蚀湖群等多种地貌景观。从高山峡谷到开阔的高山草甸，从喀斯特地貌再到秀美的丹霞峰丛。这里几乎汇聚了北半球除了沙漠和海洋之外所有种类的自然景观。特殊的地质构造与复杂的地貌环境，也让这里成为世界上生物多样性最丰富的区域之一。

金沙江

大自然的雕刻

中国南方喀斯特是世界上最壮观的湿热带－亚热带喀斯特景观之一，分布在贵州、广西、云南、重庆等地。2007年被列入世界自然遗产名录。

天然水对可溶岩（碳酸盐岩、硫酸盐岩、卤化物岩等）的化学溶蚀、迁移与再沉积作用的过程及其产生现象，统称为"喀斯特地貌"。喀斯特地貌就像一位多变的魔术师，能形成许多高耸入云的高山，石林、溶洞、天坑都是它的杰作。

石林是集科学与美学于一体的喀斯特地貌景观。

贵州"喀斯特博物馆"

贵州处于我国西南喀斯特地区的核心地带。贵州以其复杂多样的地貌和鲜明的景观特色蜚声中外，被誉为全球罕见的"喀斯特博物馆"。王阳明笔下《重修月潭寺公馆记》如此写道："天下之山，萃于云贵；连亘万里，际天无极"，一语道出了贵州地貌的壮观与广阔。

贵州地势起伏大，相对高度常达300～700米，全省有很多喀斯特地貌。除了有不同成因的山地、丘陵、山原、丘原、高原、台地和盆地外，由于贵州省地表广泛露出

马岭河峡谷为7000万年前地壳运动拉开的裂缝，地缝深200～400米，包含有彩岩峡、三古峡和天赐石窟等奇特景观。

大量可溶性的碳酸盐岩，所以漏斗、落水洞、竖井、溶蚀洼地、盲谷、暗河、伏流、天生桥、溶洞、喀斯特湖等喀斯特地貌非常普遍。

贵州是中国喀斯特景观最富集、最典型的地带之一。被誉为"溶洞之王"的织金洞和被誉为"地球上最美丽的疤痕"的马岭河峡谷，是喀斯特地貌景观的最集中表现。

云南天下第一奇观

云南地貌以山地、高原为主，河谷、盆地、丘陵通常散布在两大地貌形态中，相间并存，形态复杂。西部横断山脉系青藏高原的南延部分，形成著名的纵向岭谷区。许多高山上常年积雪，形成壮观的高山冰川地貌。中部和东部为云贵高原的主体部分，由于受河流切割，边缘形成许多高山深谷。复杂的地貌使得大批奇特的地质景观随之涌现出来。

云南石林世界地质公园以石多似林闻名天下。园中石头成林，气势恢宏，构景丰富，似人似物，造型优美，栩栩如生，在美学上达到极高的境界，素有"天下第一奇观"之称。石林世界地质公园保存和展现了跨越时代最长、形态最多的喀斯特地貌形态，几乎世界上所有形态的喀斯特地貌都集中于此，堪称"石林博物馆"。

云南石林世界地质公园

91

一抹独特"中国红"

中国丹霞地貌的特点是壮观的红色悬崖以及一系列侵蚀地貌，这一遗产包括中国西南部亚热带地区的六处遗址。2010 年入选世界自然遗产名录。

丹霞地貌是由陆相红色砂砾岩在内生力量和外来力量共同作用下形成的各种地貌景观的总称。丹霞地貌区通常是奇峰林立、奇险秀美，洞穴瑰丽，各种造型景观变化多样，蔚为壮观。

张掖五彩丹霞天工造

张掖的临泽深藏着一处震惊世界的绝色美景，它无需半点装饰，却美不胜收，如同一位"养在深闺人不知"的绝色佳人。走进去，满目绚烂似丹霞，奇特的山体仿佛覆盖着一片褶皱四起的布锻，色彩绚烂，纹理绵延，尽显壮阔苍凉之风，散发着摄人心魄的磅礴之美。这就是我国著名的张掖丹霞国家地质公园。该地貌是发育于甘肃省张掖市境内祁连山山麓的丹霞地貌与彩色丘陵，是一处极为罕见的地质奇观。该丹霞地貌有窗棂状、宫殿状、柱廊状、泥乳状、叠板状、陡斜状和蜂窝状七大类型。形成的景观时而壮美，时而秀丽。与之相映成趣的彩色丘陵色彩斑斓、绚丽多姿、气势宏大。这两种奇特的地貌景观相互衬托，成为国内独特的地质遗迹，具有极高的观赏价值和重要的科研价值。

中国六大丹霞景区

广东丹霞山

丹霞山有不同体量、不同大小的石峰、石堡、石墙、石柱 680 多座，群峰如林，错落有致，宛若一座红宝石雕塑园。

湖南崀山

崀山丹霞地貌类型多样，以壮年期丹霞峰丛峰林地貌为典型特色。著名的"崀山六绝"堪称世界奇观。

浙江江郎山

江郎山因三座形如"川"字的陡峭巨石山而闻名于世，依次为郎峰、亚峰、灵峰，人称"三爿石"。江郎山是一处壮观而独特的老年期孤峰一巷谷丹霞地貌景观。

贵州赤水

赤水自然风景区以瀑布、竹海、杪椤、丹霞地貌、原始森林为主要特色，被誉为"丹霞之冠"，是典型的高原峡谷型丹霞景观。

江西龙虎山

龙虎山是中国典型的丹霞地貌景观，以侵蚀残余的平顶型、圆顶型峰丛及峰林型丹霞地貌为标志。

福建泰宁

由于地质原因，福建拥有大片丹霞地貌，泰宁县是中国东南沿海丹霞地貌面积最大的一个县。泰宁的大金湖景区以大面积的水域与斑斓艳丽的丹霞地貌形成了迷人的"水上丹霞"。

丹霞山　赤水　龙虎山　泰宁　江郎山

你知道吗？
中国"盛产"丹霞地貌

丹霞地貌遍及中国绝大部分省区，广义定义统计的丹霞地貌有近千处。在中国国家级风景名胜区中，就有丹霞山、武夷山、龙虎山等 20 多处名山由丹霞地貌构成。

"冰与火"的自然奇观

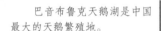

巴音布鲁克天鹅湖是中国最大的天鹅繁殖地。

新疆天山是天山山脉的东部部分，由托木尔、喀拉峻-库尔德宁、巴音布鲁克和博格达四块片区构成。2013 年被列入世界自然遗产名录。

新疆天山将反差巨大的炎热与寒冷、干旱与湿润、荒凉与秀美、壮观与精致巧妙地汇聚在一起，展现了独特的自然美。典型的山地垂直自然带谱、南北坡景观差异和植物多样性体现了天山山地生物生态演化进程。

银色金字塔

博格达，意为"众山之神"，是人们心中的神灵。博格达峰是天山山脉东段的最高峰，海拔 5445 米。它由三个峰尖紧依并立而成，终年冰雪皑皑，世称"雪海"。博格达峰常年被冰雪覆盖，其周围有 113 条现代冰川，其中的一些冰川融化汇合形成了天山天池。

博格达峰与天池交相辉映，它的山体仿佛一个巨大的银色金字塔，冲天而立，直入云霄，主峰和左右两峰相连，三峰并起，形如峰架，巍峨壮观，气势恢宏。

博格达峰的形成经历了漫长的地质变化过程，于晚古生代形成山地，至中生代已剥蚀成准平原，在晚第三纪末和早第四纪喜马拉雅运动后形成山地外貌。峰顶银光闪闪，有万年不化的积雪与冰川，一条巨大的扇形冰川自博格达冰峰倾泻而下，以雷霆万钧之势堆起一个个巨

博格达峰

大的冰坝。博格达峰挺拔的身影倒映在池水中，湖光山色，浑然一体。满山云杉叠翠，郁郁葱葱，一望无际。峰下群山起伏，动植物与矿产资源种类繁多。

天山飞龙瀑布

触摸半山腰上的神话

在许多美丽的传说中，和那些神秘的深山幽谷里，总是藏匿着世间最动人心魄的景色。位于博格达峰半山腰的天池就像是永远蒙着一层面纱的美丽而神秘的少女，它不仅有着神秘的自然之美，还流传着各种各样的神话故事，可谓集自然与人文之美于一体。它犹如天山上的一颗宝石，赢得了世人的敬仰与喜爱。

"一池浓墨沉砚底，万木长毫挺笔端"的天池，形成于200余万年以前第四纪的冰川活动。湖面海拔1910米，长3.5千米，宽0.8～1.5千米，湖面周长10.98千米，最大水深103米，面积4.9平方千米，是世界著名的高山湖泊。

悬在博格达半山腰的天池，一片静谧，犹如银镜般倒映着朦胧雪峰，在阳光照射下，波光粼粼，银光灿灿。天池湖畔森林茂密，绿草如茵，根据海拔的不同，其景观也有着明显的区别。植被由下而上分别为荒漠带、山地草原带、森林带、高山草甸草原带、冰雪带，相应发育有荒漠灰钙土、栗钙土、灰褐色森林土、草甸土、冰沼土。生物资源丰富，有植物191种，还有国家重点保护野生动物，如雪豹、北山羊、猞猁、盘羊、马鹿等。

被冰雪覆盖的天山天池

图书在版编目（CIP）数据

中国的世界文化与自然遗产 / 日知图书编著.— 长
春：北方妇女儿童出版社，2024.2（2024.7重印）
（少年游学）
ISBN 978-7-5585-8095-6

Ⅰ.①中… Ⅱ.①日… Ⅲ.①自然地理－中国－青少
年读物 Ⅳ.①P942-49

中国国家版本馆CIP数据核字(2023)第228941号

少年游学
中国的世界文化与自然遗产

SHAONIAN YOUXUE　ZHONGGUO DE SHIJIE WENHUA YU ZIRAN YICHAN

出 版 人	师晓晖
策 划 人	师晓晖
责任编辑	李绍伟
整体制作	北京日知图书有限公司
开　　本	710mm×880mm 1/16
印　　张	6
字　　数	100千字
版　　次	2024年2月第1版
印　　次	2024年7月第4次印刷
印　　刷	天津市光明印务有限公司
出　　版	北方妇女儿童出版社
发　　行	北方妇女儿童出版社
地　　址	长春市福祉大路5788号
电　　话	总编办：0431-81629600
	发行科：0431-81629633

定　　价	34.00元